国际制造业先进技术译丛

可替代能源：来源和系统

Alternative Energy：Sources and Systems

［美］唐纳德·史蒂柏（Donald Steeby） 著

赵铭姝　郑青阳　　　　　　　　　　译

机械工业出版社

本书介绍了太阳能集热系统、光伏发电系统、风力发电系统、地能系统、生物质能采暖系统等可替代能源系统，以及燃料电池和热电联产技术的概念和原理，讨论了各类系统的设计安装过程并展示了应用实例。本书内容丰富，浅显易懂，综合性和实用性强，能够帮助读者建立较为完整的可替代能源知识结构，并提高相应的工作实践能力。

　　本书可供可替代能源领域的从业者，尤其是暖通空调行业的技术人员参考，也可供相关专业的在校师生参考。

译丛序

一、制造技术长盛永恒

先进制造技术是在 20 世纪 80 年代提出的，它由机械制造技术发展而来，通常可以认为它是机械、电子、信息、材料、能源和管理等方面技术的交叉、融合和集成。先进制造技术综合应用于产品全生命周期的整个制造过程，包括市场需求、产品设计、工艺设计、加工装配、检测、销售、使用、维修、报废处理、回收利用等，可实现优质、敏捷、高效、低耗、清洁生产，快速响应市场的需求。因此，当前的先进制造技术以产品为中心，以光机电一体化的机械制造技术为主体，以广义制造为手段，具有先进性和时代感。

制造技术是一个永恒的主题，与社会发展密切相关，是设想、概念、科学技术物化的基础和手段，是所有工业的支柱，是国家经济与国防实力的体现，是国家工业化的关键。现代制造技术是当前世界各国研究和发展的主题，特别是在市场经济高度发展的今天，它更占有十分重要的地位。

信息技术的发展并引入到制造技术，使制造技术产生了革命性的变化，出现了制造系统和制造科学。制造系统由物质流、能量流和信息流组成，物质流是本质，能量流是动力，信息流是控制；制造技术与系统论、方法论、信息论、控制论和协同论相结合就形成了新的制造学科。

制造技术的覆盖面极广，涉及机械、电子、计算机、冶金、建筑、水利、电子、运载、农业，以及化学、物理学、材料学、管理科学等领域。各个行业都需要制造业的支持，制造技术既有普遍性、基础性的一面，又有特殊性、专业性的一面，制造技术具有共性，又有个性。

目前世界先进制造技术沿着全球化、绿色化、高技术化、信息化、个性化和服务化、集群化六个方向发展，在加工技术方面主要有超精密加工技术、纳米加工技术、数控加工技术、极限加工技术、绿色加工技术等，在制造模式方面主要有自动化、集成化、柔性化、敏捷化、虚拟化、网络化、智能化、协作化和绿色化等。

二、图书交流源远流长

近年来，国际交流与合作对制造业领域的发展、技术进步及重大关键技术的突破起到了积极的促进作用，制造业科技人员需要及时了解国外相关技术领域的最新发展状况、成果取得情况及先进技术的应用情况等。

国家、地区间的学术、技术交流已有很长的历史，可以追溯到唐朝甚至更远一些，唐玄奘去印度取经可以说是一次典型的图书交流佳话。图书资料是一种传统、永恒、有效的学术、技术交流方式，早在 20 世纪初期，我国清代学者严复就翻译了英国学者赫胥黎所著的《天演论》，其后学者周建人翻译了英国学者达尔文所著的《物种起源》，对我国自然科学的发展起到了很大的推动作用。

图书是一种信息载体，虽然现在已有网络通信、计算机等信息传输和储存手段，但图书仍将因其具有严谨性、系统性、广泛性、适应性、持久性和经济性的特点而长期存在。纸质图书有更好的阅读优势，可满足不同层次读者的阅读习惯，同时它具有长期的参考价值和收藏价值。当然，技术图书的交流具有时间上的滞后性，不够及时，翻译的质量也是个关键问题，需要及时、快速、高质量的出版工作支持。

机械工业出版社希望能够在先进制造技术的引进、消化、吸收、创新方面为广大读者做出贡献，为我国的制造业科技人员引进、吸纳国外先进制造技术的出版资源，翻译出版国际上优秀的先进制造技术著作，从而提升我国制造业的自主创新能力，引导和推进科研与实践水平的不断进步。

三、选译严谨质高面广

（1）精品重点高质　本套丛书作为我社的精品重点书，在内容、编辑、装帧设计等方面追求高质量，力求为读者奉献一套高品质的丛书。

（2）专家选译把关　本套丛书的选书、翻译工作均由国内相关专业的专家、教授、工程技术人员承担，充分保证了内容的先进性、适用性和翻译质量。

（3）引纳地区广泛　主要从制造业比较发达的国家引进一系列先进制造技术图书，组成一套"国际制造业先进技术译丛"。当然其他国家的优秀制造科技图书也在选择之内。

（4）内容先进丰富　在内容上应具有先进性、经典性、广泛性，应能代表相关专业的技术前沿，对生产实践有较强的指导、借鉴作用。本套丛书尽量涵盖制造业各行业，如机械、材料、能源等，既包括对传统技术的改进，又包括新的设计方法、制造工艺等技术。

（5）读者层次面广　面对的读者对象主要是制造企业、科研院所的专家、研究人员和工程技术人员。高等院校的教师和学生，可以按照不同层次和水平要求各取所需。

四、衷心感谢不吝赐教

首先要感谢许多热心支持"国际制造业先进技术译丛"出版工作的专家学者，他们积极推荐国外相关优秀图书，仔细评审外文原版书，推荐评审和翻译的知名专家，特别要感谢承担翻译工作的译者，对各位专家学者所付出的辛勤劳动表示深切的敬意，同时要感谢国外各家出版社版权工作人员的热心支持。

希望本套丛书能对广大读者的学习与工作提供切实的帮助，希望广大读者不吝赐教，提出宝贵意见和建议。

机械工业出版社

译者序

　　随着中国经济的高速发展，能源和环境问题日渐凸显。为实现可持续发展并减少污染物的排放，可替代能源产业方兴未艾。目前，中国的太阳能集热、光伏发电和风力发电的产品制造和市场应用规模均位于世界前列，对相关领域的人才需求十分旺盛。本书是一本可替代能源应用领域的读物，作者曾任美国暖通空调和电气控制行业的资深工程师，有着相关领域丰富的工作经验。本书分为 5 篇，分别对太阳能、风力发电、地源热泵、生物质能采暖、燃料电池和热电联产技术进行了讨论。毫无疑问，作者在暖通空调领域的从业经历为本书带来了鲜明的特色。例如，书中对太阳能的讨论包括了太阳能集热系统和光伏发电系统两个部分，而对地源热泵系统和热电联产技术的介绍则是其他众多同类书籍所不常见的，这使得本书的内容变得更加丰富而与众不同。本书内容偏重应用环节，所举案例也聚焦于家用和小型商业应用领域，旨在提高普通用户对可替代能源的理解程度和应用能力，具有较强的实践指导价值。本书内容深浅适中，搭建了基础知识和高端应用之间的桥梁，尤其适用于可替代能源领域的职业培训。感谢作者与我们分享宝贵的知识和经验。在翻译过程中，译者对原书中的个别问题进行了适当修正。对于书中出现的英美制单位，译者在其首次出现时进行了注释，并编制了本书所用的非法定单位与法定单位的换算关系表作为附录。在此特向对本书的翻译出版提供帮助的人们表示感谢。欢迎读者批评指正。

译　者
于西安

致 谢

在此感谢以下人员，正是他们的帮助才使本书的出版成为可能：

感谢我的妻子黛安娜、女儿埃琳和兄弟杰里做出的贡献；感谢费里斯州立大学的迈克·福伊茨博士为本书撰写了序言并帮助我梳理了主旨内容；感谢费里斯州立大学的埃米·卡瓦诺博士帮助我获得硕士学位；感谢杰夫·莫法特帮助我解决了分区问题；感谢米奇·勒克莱尔和迈克·拉佛蒂让我对地热产生了兴趣。感谢以下人员和组织对我的支持、鼓励和贡献：

查尔斯·莱西博士、马里·比奇洛、戴夫和莎伦·凯切勒、加里和罗伊斯·范杜因、瑞安和比尔·马丁；克莱顿和阿曼达·杰克逊、罗布·拉夫森工程师、珍妮特·哈根、汤姆·莱恩、米克·萨格里洛、托雷森·马林、卡莱菲公司（Caleffi Hydronic Solutions）、约翰迪尔再生能源公司（John Deere Renewables）和太阳能国际（教育）集团（Solar Energy International.）。

序

　　1998 年，当我在费里斯州立大学执教时第一次听到了唐·史蒂柏的名字，那时他还是一名学生。有人告诉我，我们的学生正在使用的地源热泵系统的地埋回路规划软件就是他编写的。这个软件写得很好，以至于能够上市销售。在由美国采暖、制冷和空调工程师协会（ASHRAE）每年主办的国际机械系统选择与设计大赛中，费里斯大学暖通空调工程专业的学生们用这个软件来规划地埋回路，并作为首选方案提交。你将会看到，这本书与唐编写的软件一样，都展现了他的背景和职业特点，那就是专业而实用。唐充分利用了他的人生经历，从作为农场男孩时学到的机械技能，到暖通空调行业工作期间积累的丰富经验，加上在社区学院与两所大学学习的知识，都将体现在本书之中。

　　唐是在密歇根州西部的一个奶牛场长大的，他的家庭通常自己动手进行各类安装和维修工作，这种经历教会了他自立的精神。唐从 10 岁起就开始挤牛奶，还是个男孩时便从实践中学习机械知识，喜欢把各种机器拆开看看它们是如何运转的。出于农业的兴趣，他后来进入了密歇根州立大学农业技术学院学习。1980年毕业后，唐从不太景气的农业领域转向了其他行业。在当电气技师时，唐发现自己非常适合技术性职业，于是在 1985 年秋重返校园，在大急流城社区学院参加了暖通空调专业的业余课程学习。在 1992 年获得大专学历之后，唐进入美国迅捷工程公司的子公司工作，一直做到燃气直燃机新风机组的全国销售经理。

　　尽管已经事业有成，唐还是想学得更多。在 1994 年秋季，作为丈夫、两个孩子的父亲且背负贷款的唐，毅然辞去了工作，进入费里斯州立大学攻读暖通空调工程专业的全日制学士学位。就是在费里斯大学，有感于唐的学习热情和在农场工作的经历与技能，两名教授让他编写了地能工程软件。毕业之后，他的新学位让他在霍尼韦尔公司谋得了控制工程师的职位。控制工程师需要解决复杂的问题，在此过程中应将系统思维与系统故障分析技能紧密结合。他们必须掌握众多机械系统类型的知识，从系统的设计到运行，方方面面都要熟悉了解。优秀的控制工程师是暖通空调行业中最有知识的人，而唐就是其中的翘楚，其职位不断得到晋升。

当唐还在霍尼韦尔公司工作的时候，我便邀请他以助理的身份在费里斯州立大学任教。他接受了这项挑战而且干得很好。2002年，他的学生也在美国采暖、制冷和空调工程师协会（ASHRAE）主办的国际暖通空调系统设计大赛中获奖，而这正是几年前其他学生采用他编写的软件所获的奖项。教学工作燃起了唐的兴趣，事实上，我们想聘用他担任全职教师，但他却没有同意。尽管在母校任教是一次诱人的机会，但校园离他的社区和家庭农场实在是太远了，这使他很难考虑改换工作地点。

唐还在他的另一个母校——大急流城社区学院担任过助理教职，那里距他的家庭很近。在2007年，当有了一个全职的岗位时，他抓住了这个机会。得知他离开了暖通空调行业颇具前途的职位并当上了一名教师，从此开启了人生的新篇章时，我一点也不感到意外。同以往一样，唐接下来要为他的新职业而接受教育。2010年春，他获得了费里斯州立大学职业技术教育的科学硕士学位，而我很高兴担任了他的论文委员会成员。

这本书就是唐对其硕士论文的拓展研究成果。书中的大部分内容来自他从毕业设计工作中获得的知识。这是他对可替代能源，以及学习和知识分享的热情宣言。这让我想起了阿姆斯壮国际公司，一个以生产高质量蒸汽、空气和热水产品而闻名的美国家族制造企业。阿姆斯壮公司的座右铭是："没有被共享的知识等于被浪费的能源。"当把这句格言用在本书时，就显得意味深长。唐笔下的能源不仅实在可用而且储量丰富，但就像阿姆斯壮公司的格言所讲的那样，被大量浪费掉了，直到我们开发出相关的技术将其利用起来。唐所做的工作就是将这些关于可替代能源的不同形式和用途的信息汇编起来，而如果他没有将自己所获得的这些知识与别人共享，那么这些能源就可能会被浪费掉。

这本书浅显易懂，可以作为学习可替代能源及其应用知识的入门读物。接下来要做的就是综合性的工作，读者可以从唐所提供的实践、历史和技术的角度，全方位地学习各种可替代能源解决方案。然而，这并不是一本工程教科书，而是对太阳能、风能、地能、生物质能和未来能源（燃料电池和热电联产系统）的深入介绍。要想对设计、安装和维护可替代能源系统做好准备，读者还应接受更多的训练并掌握专门的技能。然而通过对本书的学习，读者确实能够对上述五类系统的背景、应用、可行性、经济性、效率和技术特征获得全面和深入的了解。

唐已经超越了他的目标，即"描述各类可替代能源系统设备的工作原理，并介绍当今市场中这些设备的应用、安装、服务和维护的过程。"他将自己的热情和经验写进了本书之中。从农场男孩的技术窍门到职业技术教育的硕士学位，唐已经得到了一份内容丰富、务实有用的资源。

米歇尔·J·福伊茨博士，认证专家

费里斯州立大学暖通空调专业教授

前 言

根据辞典的定义，能源（energy）是能够提供可用能量的物质。可替代能源（alternative energy）是能够作为传统化石燃料替代或补充品的能源。传统能源如电力、天然气和燃料油已经成为人类社会的可靠"生命源"，它们能够为工作场所提供照明，为家庭供暖，让我们生活的世界变得更加舒适。如今传统能源的供应出现了短缺，但对它们的需求依旧旺盛，因此人们迫切希望找到可替代能源来满足社会日益增长的需求。本书不仅能够使读者获得对可替代能源的深层理解，而且可以作为一份新的参考资料，有助于满足社会对清洁和充足能源的需求和渴望。本书的编写目的是增加可替代能源及其设备的实际应用。全美国有许多暖通空调安装和服务公司对进军可替代能源市场有兴趣。为了做好准备，这些公司将要求所属人员接受可替代能源领域的培训，成为能够胜任工作的合格技师。这本书填补了可替代能源基础知识和高端技术资料之间空白地带，非常适用于可替代能源的工程应用和开发环节。

本书适用的对象是：正在对员工进行可替代能源工程培训的暖通空调和能源行业承包商、希望进一步学习可替代能源系统应用知识的学生，以及正在为减少开支而寻找替代方法的住宅房主和企业主。如今在可替代能源系统的培训领域，既有一些适合自己动手的简单手册，也有一些较高层次的、聚焦研发和分析的工程师教材，因此有必要编写一本综合性书籍来搭建这两个层次之间的桥梁。为了完成本书的编写，作者对这些系统的工作原理、应用与安装，以及系统维护等内容进行了深入的学习研究。

在美国，公众对于发展和利用可替代能源的渴望在今后几年和更长的时间内会日益增强，因而对于那些接受过专业训练的合格技术人员会有持续的需求。这些人员应该具备对可替代能源设备进行安装、运行、服务和维修的技能。为了做好技术人才准备，我们需要综合性的知识和信息用于培训相关的安装人员、技师和服务人员。尽管目前针对不同类型的可替代能源，已有大量独立的资料信息，还是需要将这些信息编辑组织成实用的参考书，以满足今天学生、技师和建筑物业主的需求。

对可替代能源的应用需求绝非昙花一现，而是已有时日了。大量的时间和财力已经被投向可替代能源，很明显，这是一种能够驱动美国走向未来的行之有效的能源。

作 者

可替代能源：来源和系统

目　录

第2篇　风能：向新型可替代能源扬帆起航

第3篇 地能：让大地使我们的世界凉热

第4篇 生物质：把木材、玉米和木质颗粒用作采暖燃料

第5篇　未来能源：燃料电池和热电联产介绍

第1篇

太阳能：驾驭太阳的能量

第1章

太阳能概述

最重要的可替代能源之一就位于我们的头顶上方。天空中那颗被称为太阳的巨大光球实际上是一颗恒星，更确切地说，是一颗"G2"型恒星。事实上，它是整个太阳系最主要和最重要的成员（见图1-1）。太阳的表面温度为11000℉ $\left[\dfrac{T}{K} = \dfrac{5}{9}\left(\dfrac{\theta}{℉} + 459.67\right), T、\theta\text{ 分别表示热力学温度、华氏温度}\right]$，集中了超过整个太阳系99.8%的质量，其核聚变反应的功率为386亿亿亿W（没错，就是亿亿亿！）。

在任意时刻，太阳向受到阳光直射的地球表面投射的功率强度为1500W/m²。由于地球陆地面积有大约1.5亿km²，所以从太阳得到的能量是惊人的。事实上，阳光在1h内带给地球的能量比全人类一年消耗的能量还要多。考虑到美国在2008年就消耗了超过3.8万亿kW·h的电力，我们就不难理解为什么要把太阳能作为一种可行的可替代能源加以利用了（见图1-2）。

图1-1 太阳是太阳系中最主要和最重要的成员

图1-2 太阳能是最可行的可替代能源之一

太阳为地球带来可见光和其他类型的辐射能量。这些总辐射能量的约 1/3 被地球反射回太空，剩余的辐射能量被地球吸收，然后以长波红外线的方式被再次辐射到太空中（见图 1-3）。

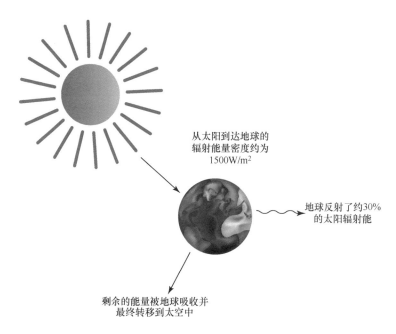

从太阳到达地球的辐射能量密度约为 1500W/m²

地球反射了约30%的太阳辐射能

剩余的能量被地球吸收并最终转移到太空中

图 1-3　太阳辐射能量到达与离开地球的过程

捕获太阳能的关键是让辐射能量透过某种材料（如玻璃），同时阻止其辐射出去。另一种方法是在原子层面上直接将阳光转变为电能。当我们把太阳能作为可替代能源的时候，需要对这两种利用太阳能的不同方法给出定义。第一种方法是利用太阳能来蓄热，相当于将水加热。太阳能蓄热技术可用于很多场合，包括家庭采暖、供应热水、加热泳池和浴缸等（见图 1-4）。

第二种方法被称为光伏发电。这种方法将太阳辐射能量转化为可用的电能。通过光伏作用发出的电能有助于使家庭用户或商业用户减轻甚至摆脱对当地电力公司的依赖（见图 1-5）。

图 1-4　太阳能蓄热的各种用途

图 1-5 采用光伏发电系统的住宅

上述两种方法都将在本篇中进行详细讨论。

 懂得更多

太阳的年龄约为 45 亿年，阳光从太阳到地球的时间约为 8min。

1.1 太阳能集热系统简史

利用太阳的辐射来获取能量并不是一件新鲜事。事实上，加利福尼亚州早在 1890 年就引进了第一台商用太阳能热水器。这台早期的太阳能采集装置属于结构简单的闷晒式热水器（见图 1-6）。它可以在下午和傍晚提供热水，但在夜间会散失大部分热量。自那时起到 20 世纪 70 年代，佛罗里达州的大多数太阳能集热器只在很小的范围内应用。

图 1-6 这台闷晒式集热器与太阳能技术发展早期的类型相似

1973 年石油危机爆发，汽油价格也随之上涨，这促使许多公司开始研发不同类型的太阳能系统。许多早期的系统并不十分成功，要么过于复杂，存在重大设计缺陷，要么过于昂贵。然而在这期间研发的系统却为 20 世纪 70 年代末期太阳能产业的大爆发奠定了基础。美国政府施行的 40% 的联邦税收优惠政策为新型太阳能产业的发展提供了巨大的推动力（见图 1-7）。

这种刺激政策催生了上百家太阳能设备生产企业，同时有数千家经销商和承包商涌入这个新兴市场。不幸的是，此时也有相当数量诚信不佳的经销商利用税收优惠政策销售质次价高的产品。他们销售了大量有设计缺陷的产品，而且往往没有进行正确安装，这些现象极大损害了太阳能产品的声誉。

图 1-7　20 世纪 70 年代施行的税收优惠政策极大地刺激了太阳能产业的发展

太阳能设备的安装热潮在 1986 年戛然而止，其主要原因是联邦税收优惠政策到期结束，而且汽油价格跌至 1 美元/gal 之下〔1gal（美）= 3.78541dm³〕。从那时起，公众大多认为能源危机已经成为过去，廉价汽油的时代重新到来了。这种情况一直延续到最近太阳能产业的复兴。例如，新安装太阳能集热系统的消费者可根据美国 2005 年能源政策法案享受到税收优惠。有些税收优惠政策可以使设备的采购和安装价格降低 30%，政策有效期至 2016 年底。在节省税款的同时，太阳能集热系统的效率和可靠性也在近些年得到了快速提高。美国能源部（DOE）已着手研发性价比更高的太阳能集热系统，并不断提升这些系统所使用材料的耐久性（见图 1-8）。

图 1-8　太阳能集热器的质量在近年得到了飞速提升

随着美国联邦和州政府新的税收刺激政策的出台，加之电费价格的逐年上涨，太阳能集热器如今已经成为最具吸引力的可替代能源装置。更多关于政府刺激政策的信息可以从"国家鼓励可再生能源和效率数据库"（Database of State Incentives for Renewables and Efficiency，DSIRE）网站（http://dsireusa.org）获取。

> **懂得更多**
>
> 第一台商用太阳能热水器的名字叫作"顶峰"（Climax），是由克拉伦斯·肯普（Clarence Kemp）在1890年前后发明的。通过这个系统，加利福尼亚州的居民只需25美元的投资就可以每年节省9美元的燃煤费用。

1.2 太阳能集热系统的可行性

1. 选择太阳能的原则

太阳能集热器在美国的任何地域都是实在可用的。显然，有些地区在太阳能利用方面具有更多的优势。当判定能否将太阳能作为一种切实可靠的可替代能源时，应当遵循一些原则。埃里希 A. 法伯博士（Dr. Erich A. Farber）是第一位名列"国家太阳能荣誉堂"（National Solar Hall of Fame）的个人。他是佛罗里达大学太阳能实验室的前任领导人，也是"国家太阳能荣誉堂"的成员。法伯博士研究了五条原则用于判断是否能够在众多的能源之中选择太阳能：

1）为完成任务所需的能量最小。这条原则用于确定设备的规模。例如，当家庭中只有两个人时，不要安装用于八个人的集热系统。

2）运用最佳的能源来完成任务。如果用户付出的电费远远低于用光伏面板发电的价格，则选择使用电网电力而不是太阳能发电就在情理之中。另一个例子是，如果一个公司能够使用大量的生活热水来进行清洁和其他各项工作，并能够使用大量的废热，那么太阳能集热装置就并非理想选择，因为另有免费的热源可供使用。

3）设备的运行必须正常。在很多时候，引发故障的原因并非是设备本身出现了问题，而是承包商在选择和安装设备时出了错。如果一个太阳电池板被无意中安装在了背阴处，或因尺寸太小而无法满足用户对能量的需求，则用户很可能会简单地认为太阳能不好用。在现实中，设备只有在被正确运用和安装后才能发挥其作用。

4）设备的价格必须合理。市场会决定设备究竟价值几何。如果可以用更低的价格获得其他具有竞争力的能源，则对太阳能集热器进行市场定位时就应该突出其绿色环保的特点，而非仅仅将其作为普通商品来对待。

5）太阳能的利用方式应适合社会结构和用户习惯。只有当理解了家庭用户和商业用户的特点和日常习惯，才能解决好这一问题。例如，对于一家在夜间有大量热水需求的生产企业，安装被动式集热系统显然就是不可行的（见图1-9）。

图1-9　太阳能系统必须符合用户的需求

在考虑利用太阳能集热系统获取能量的可行性时，还应考虑下面的地区因素和具体场地因素。

2. 地区因素

当对太阳能集热系统进行投入时，应当考虑的一个地区因素是该地区其他替代燃料的价格。有多种燃料可用于生产生活热水，例如天然气、丙烷，甚至木柴。应当对这些类型的燃料进行对比，分析其可获得性，然后决定是否应该使用太阳能。此外，还应该分析这些燃料未来的价格趋势，因为这涉及对太阳能系统投资的远期回报。如果化石燃料的价格将在未来不断上涨，则太阳能系统的投资回报期就会缩短。当前的能源价格可以通过向当地电力公司或燃料供应商咨询获得。

在投资太阳能集热系统时，另一个应当考虑的因素是财政支持和补贴情况。正如前面介绍的，直到2016年，美国政府的鼓励政策可以为某些太阳能集热设备节省30%的总安装成本。这些补贴由联邦政府以税收减免的形式提供。要获得更多信息，可以访问网站http://energystar.gov。在联邦政府的鼓励政策之外，大部分州政府也对那些安装合格的太阳能集热系统提供了补贴。这类信息可以在网站http://dsireusa.org上查询到。

如果把太阳能集热系统与新建建筑结合起来，则这些费用可以计入早期抵押和建筑贷款之中。如果太阳能项目用于已有的住宅或商用建筑，则可以通过某些联邦机构如联邦住房抵押贷款公司（FHLMC）或从美国农业部（USDA）获得项目资助。要获得更多联邦政府资助信息，可以向美国国家可再生能源实验室（NREL）咨询或在其网站http://nrel.gov上进行查询。

需考虑的第三个地区因素是可用辐照量。辐照量指以太阳辐射形式投射到地面上的电磁能量。简而言之，它反映了某个地区可得的日照能量。这个因素会影响太阳能集热系统的效率，其计量单位是每天的峰值日照时数。当了解了某个地区的辐照量水平后，就可以确定所需太阳能集热器的尺寸。

辐照强度是太阳投射到单位地面上的能量。辐照强度很低的地区需要较大尺寸的集热器。美国各地的太阳辐照强度如图 1-10 所示。如果已知某个地区的辐照强度，就可以更加精确地设计太阳能集热器的尺寸规模。辐照强度的单位为 $kW \cdot h/(m^2 \cdot d)$。换言之，辐照强度代表了一天之中投射到地球上某个区域 $1m^2$ 表面的太阳能量。

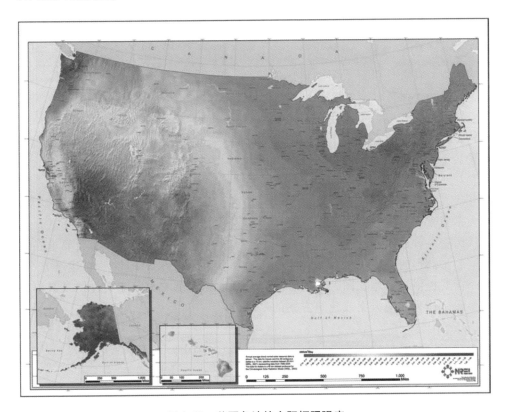

图 1-10　美国各地的太阳辐照强度

3. 具体场地因素

有一些因素会对太阳能集热器安装地点的选择产生影响。其中一个因素是安装区域应保证集热器面板朝向南方（这是针对北半球的情况——译者注）。这块区域需要有足够的面积来容纳太阳能集热器，该装置可以安装在平台上、柱杆上或建筑物的屋顶上。如果采用屋顶安装方式，则屋顶结构必须能够支撑整个集热器以及相关设备（见图1-11）。

在选择安装场地时，还应考虑为技术人员的维护保养工作提供方便。太阳能集热器的安装区域必须避免受到遮挡和阻碍。安装太阳能集热器时，可能受到的最大的阻碍是来自树木或其他障碍物的遮挡。在峰值日照时间内，任何投射到太阳能集热面板上的阴影都会极大地降低系统的效率。

另一个场地因素是美观性。太阳能集热器的大小不同、外观各异。在实施太阳能工程的每一步之前，都应该仔细研究当地的法规，看看是否对太阳能集热器的尺寸、位置和外观有影响（见图1-12）。

例如，有些地区可能会颁布一些限制条款，甚至会禁止在屋顶安装太阳能收集装置。不同地区对太阳能设备安装方面的限制与所安装的系统类型有关。例如，安

**图1-11　屋顶必须能够支撑
太阳能集热器的重量**

装光伏发电屋顶不需要额外的建筑许可，然而安装太阳能集热装置就会需要。对大多数太阳能集热器，无论其采用屋顶安装、墙壁安装或独立安装形式，都被认为是一种建筑物的"结构附件"。在多数情况下，市政当局都会要求在独立安装集热器时提供一份场地方案，或在采用屋顶安装时提供一份建筑方案。此时需要提供一份施工图，其内容包含了制造商提供的太阳能集热器及其附件的参数，作为场地方案或建筑方案的一部分。

图1-12　当地法规可能对屋顶安装的太阳能收集装置有限制

关于分区法规和太阳能面板

可替代绿色能源产品（如太阳能面板）需要满足各种市政法规，当私有可替代能源项目用于住宅或商用房产领域时，必须满足一些规范。有些州，如加利福尼亚州，已经制定了法律以保护用户在家庭或商业场所安装和使用太阳能系统的权利。夏威夷是第一个要求所有新建住宅必须安装太阳能热水器的州。事实上，自2010年起，该州的所有独栋住宅必须满足这种设计要求才可以获得建筑许可。然而问题在于，大多数分区法规还是从美观角度来看待太阳能面板，大多数法规不允许在住宅区安装独立的太阳能面板。有些分区法规和市政条例都在强调下列问题：

1）屋顶负荷超标。

2）换热器不合格。

3）太阳能设备管路的连接不当。

4）对饮用水管道的非法改动。

如果在某个城市或街镇，人们需要安装太阳能设备，但却没有相应的条例和分区法规，此时该怎么办？首先，联系当地街镇、村庄或市政部门，向管理人员进行咨询，看看有没有任何关于太阳能面板安装方面的规定，以及可能会有哪些政策限制。可以参加市镇的议事会议，要求进行支持立法，对太阳能用户及其邻居的权益都进行保护，以促进可替代能源项目的发展。

1.3 太阳能集热系统的经济性与性能

太阳能集热系统的经济性与一系列因素有关。这些因素包括：热水的需求量、太阳能集热系统的性能、太阳能集热器的地理方位、与常规燃料的比较成本，以及加热系统备用能源的燃料成本。如果在寒冷的天气下阳光依然充沛，那么太阳能集热系统就能够在一年中的多数时间内使用。如果它们能够取代价格更高的加热燃料如丙烷或电力，其经济性将大大提高。例如，如果电力的价格超过了0.07美元/（kW·h），或丙烷的价格超过1.25美元/gal，太阳能集热系统就能够成为有吸引力的投资项目。在这种资费水平下，平均每个家庭在生活热水方面可以节省50%～80%的开支。如果将系统同时用于其他方面，如加热泳池或浴缸，则会节省更多的资金。

太阳能集热系统的初装成本各异，对于大多数商用系统，$1ft^2$集热器面积的成本为30～80美元（$1ft^2 = 0.093m^2$）。家用系统的价格略微便宜些。通常情况下，系统规模越大，单位集热器面积的成本就越低。一个家庭一般需要大约 $100 \sim 120 \text{ft}^2$ 的集热器面积才能满足生活热水的需求。如果集热系统得到新建建筑的资金支持，例如获得了抵押资助，则初装成本就会变得极具吸引力。如果采用 30 年贷款，则一个包含太阳能热水器的系统的初装成本大约为 $13 \sim 20$ 美元/月。

懂得更多

利用太阳能集热面板为泳池加热已经成为当今美国首要的太阳能应用领域。一个用于泳池加热并具有适当规模的太阳能集热系统，在 $2 \sim 3$ 年内节省的能源费用就可以收回其投资。

一个用来表示太阳能系统集热性能的参数是太阳能设备节能率。这个参数表明了太阳能集热系统能够替代的常规燃料能量的比例（见图 1-13），可以按月度或年度统计。

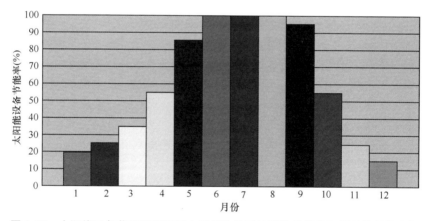

图 1-13 太阳能设备节能率表明了太阳能集热系统所替代的常规燃料能量的比例

例如，在年度太阳能节能率中，如果某年 1 月份的指数为 0.15，则意味着该系统在该年 1 月份替代了 15% 的常规燃料。在进行年度统计时，太阳能设备节能率在多阴沉天气的地区为 41% 左右，而在全年阳光充沛的地区则可达 94%。实际的节能效果取决于多种因素，包括：

1）太阳能集热器的面积和蓄水箱的容积。

2）输入冷水的平均温度。

3）该地区内的阳光强度。

4）月平均用水量。

由于太阳能集热面板、蓄水箱、温度控制器和其他许多因素有着无数种组合可能，因此有必要开发工具软件来评估太阳能集热系统的技术性能。考虑到不同地区太阳能资源的复杂性，有必要开发能够模拟不同系统在特定地理区域性能的软件。

懂得更多

在充足的日光下，如果蓄水箱里的初始水温与气温相同，则一台用于四口之家的典型太阳能热水器的加热效果与 4kW 的电热水器相当。这样的系统需要大约 64ft² 的太阳能集热面板表面积。

1.4 太阳能集热器和系统的认证与测试

如今大多数储热式太阳能集热器是由一个国家认可的检测机构进行认证的。太阳能分级和认证公司（Solar Rating and Certification Corporation，SRCC）是一家创建于 1980 年的非营利性机构，其主要业务是开发和执行太阳能设备的认证程序和分级标准。SRCC 对太阳能采集板有一套认证、分级和标识程序。

该公司对完整的太阳能热水系统也有一套类似的程序。由 SRCC 认可的独立实验室对太阳能设备进行性能测试，以确认其符合美国国家标准和规范（见图 1-14）。然后 SRCC 对这些测试结果和产品数据进行审核，以确定产品是否满足认证的最低标准，并且对设备性能进行分级计算。所有被太阳能分级和认证公司进行分级与认证的设备应当粘贴 SRCC 认证标签，以表明产品的性能等级。此外，每个通过认证的产品都被列入到 SRCC 名录中。名录中的产品信息包括产品的材料、规格及认证的性能等级。

太阳能设备制造商获取 SRCC 认证的好处之一，就是可以在标准化基础上对产品的耐久性和性能进行可靠的判断。该认证也给予了制造商国家认可，产品只需认证一次即可。承包商安装获得 SRCC 认证的太阳能设备，可以获得产品信誉保证，防范非法竞争和欺诈行为（见图 1-15）。

图 1-14 对太阳能集热设备进行测试

图 1-15 承包商通过采用获得 SRCC 认证的产品而获益

消费者也可以从 SRCC 程序中获得好处，包括获得对太阳能产品质量和性能的测定和第三方独立测试，还能以美国国家标准方法对不同的太阳能产品进行对比，从而采购到最佳的产品。最后，美国联邦和州政府也从 SRCC 程序中获益，因为可以凭此确定税收减免评定和制定资格条例的合理条件，以及设立法规和标准的基础。太阳能分级和认证公司为经理、建筑物业主及住宅业主等希望实施太阳能计划的人们提供了大量的文件资料。

绿色小贴士

太阳能集热面板究竟能省多少钱？

一个四口之家平均每天使用大约 70gal 的热水。在典型应用条件下，标准的热水器将水温从 50℉ 升高到 120℉，即实现了 70℉ 的升温。

每加仑水的质量为 8.34lb（1lb = 0.454kg），因此，太阳能集热系统需要每天加热 584lb 水。根据定义，1Btu（1Btu = 1055.06J）是将 1lb 水升高 1℉ 所需的热量，因此每天需要 40866Btu 的热量才能满足需求（584lb 乘以 70℉ 的升温）。

可以通过计算不同燃料产出每 1MBtu 的费用来对它们进行比较。例如，如果电费为 0.10 美元/（kW·h），则每 1MBtu 的耗费为 29.33 美元。如果天然气的价格为 1.30 美元/100ft^3（1ft^3 = 0.028m^3），则每 1MBtu 的费用为 13.00 美元。

在这种费率下，使用电热水器的成本为 1.20 美元/d 或 35.95 美元/月，使用天然气热水器的成本为 0.53 美元/d 和 15.90 美元/月。在本例中，如果使用面积为 80~100ft^2 的太阳能集热面板来生产足够多的热水，则每年可比电热水器节省 431.40 美元，或比天然气热水器节省 190.80 美元。

第2章
太阳能集热系统的工作原理

太阳能集热器能够让太阳辐射透过某种材料，同时阻止其辐射出去，从而捕获了太阳能，实现了热量的采集。集热器由各种管道组成，管道中有水或空气在循环流动。集热器的类型多种多样，用户应该根据实际条件来选择最适合的类型。这些条件包括系统所处的地理位置、需要加热的水或空气的数量，以及特定的加热或制冷需求。下面对每种类型的系统进行详细分析。

2.1 被动系统

被动式太阳能集热系统在采集太阳能时不需要任何电气或机械装置。最简单的此类系统就是一间带有向阳窗户的房间，并铺设有大面积的地板来增强加热质量（见图2-1）。

图2-1 采用被动式太阳能采暖的住宅通常有向阳的窗户

这类应用方式在住宅的设计和建造阶段就需要考虑到，应根据住宅的方位来设计向阳的形状和面积，并选择合适的材料，以便最大限度地利用太阳能。

1. 集热箱一体单元（ICS）

一种被动式太阳能集热系统由太阳能采集器和某种太阳能热水贮存装置组成，这类系统的一个例子就是集热箱一体单元（ICS）。在这类系统中，有一个体积为 30 ~ 40gal 的水箱被刷成哑光黑色，放在一个带有绝热层的箱子中，箱子的向阳面有透光（玻璃）板（见图 2-2）。

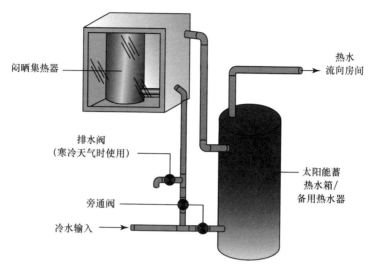

图 2-2　集热箱一体单元由太阳能集热箱和水箱组成

集热箱通常有贴铝箔的泡沫绝热层，与水箱呈一定的斜角或弧度。这类系统最佳的安装方式是在集热箱中采用单水箱，并将单水箱呈东西方向水平安装。集热箱内的反射曲面可将阳光反射到水箱上（见图 2-3）。

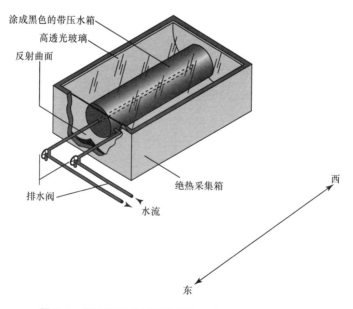

图 2-3　带有铝箔内衬的集热箱呈东西方向水平安装

当阳光透过玻璃后，其辐射能被水箱吸收，继而将水加热。对于这类系统，水本身就是太阳能的采集者。在大多数集热箱一体单元（ICS）中，热水通常从最热的水箱顶部通过龙头流出，而冷水从水箱底部流入。然后，热水经由管道进入室内的主热水器、备用热水器或太阳能蓄热水箱。

这类系统的优点是结构较为简单，因此安装成本很低。此外，ICS 单元无需大量的维护工作，因为其不含活动零部件。不但如此，因为没有输送水的电气设备，系统几乎没有运行成本。然而，这类被动式集热系统也有一些缺点。一个缺点是，在较冷的天气里，水箱中的水会在夜间变凉——大约会比供水温度低 $30 \sim 40 °F$。因此，只有在日照充足的白天才会有热水，而家庭使用热水的时间段通常在晚上 $8 \sim 12$ 时。此外，美国的某些地区应当避免使用这类系统，尤其是那些从深秋到早春的冬季夜间气温低于 $60 °F$ 的地区，这是因为这类系统在夜间的热量损失过大。在这些地区，ICS 系统应当分季节使用或者完全不用。另一个需要引起注意的因素是水箱的质量。这是因为一个空水箱的质量可达 250lb，如果加入 $30 \sim 40$ gal 的水，总质量会超过 500lb。因此，有必要采用绳索固定并在屋顶进行正确的支撑。最后，必须采用合适的玻璃。水箱外部必须是低铁钢化玻璃，而不能用塑料、特氟龙、丙烯酸树脂或玻璃纤维。

2. 热虹吸式系统

有些太阳能集热单元采用一个倾斜的太阳能集热器和一个带绝热层的水箱。水箱可以安装在室内或室外。这类系统被称为热虹吸式太阳能热水系统（见图 2-4）。

与 ICS 单元类似，热虹吸式系统不需要水泵或其他控制设备。它们利用自然对流的原理，即热水上升而冷水下沉，实现水的循环。当太阳能集热器被阳光辐射加热后，集热器中的水就会膨胀，因为热水的密度比水箱底部的冷水密度小，就会发生缓慢的对流运动。较热的水会上升到集热器的顶部，然后进入水箱并储存在那里。这就是为什么水箱总是要高于集热器

图 2-4　热虹吸式太阳能集热器

的原因。因为较冷的水较重，于是会下沉到集热器的底部。这个过程被称为热虹吸（也称温差环流），无需循环泵就可以发生（见图 2-5）。

只要集热器中的水比水箱中的水热，就会发生热虹吸现象。当太阳辐射消失之后，集热器中的水温会降至水箱水温之下，于是水的自然对流就停止了。水箱中的水可以被直接输送至室内的热水器（见图 2-6）。在使用这类系统时，应当注意水温可能由于长时间的日晒而变得非常高。为避免出现烫伤，可以在热水器

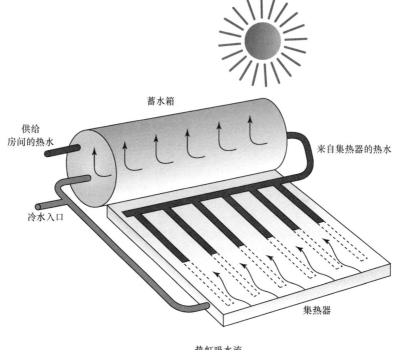

图 2-5　通过自然对流实现水循环的热虹吸系统

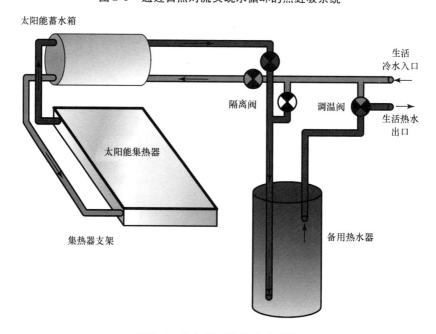

图 2-6　热虹吸系统的管路连接

的出口处安装一个恒温混水阀，这个阀有时也称为调温阀，可以自动将冷水混入热水，来保证将输送至室内的热水维持在设定的温度上。

热虹吸系统相对便宜，因为它和ICS一样无需电气或机械控制零部件，它运行可靠，维护简单。与ICS系统不同的是，热虹吸系统有一个绝热水箱，因此可以在太阳落山后将较热的水温维持数小时之久。然而，与ICS系统一样，热虹吸系统的正常工作依赖室外的气温。这意味着当室外温度降至0℃以下时，系统往往无法正常工作。因此，热虹吸系统最适合气候温暖的地区，或仅仅采用季节性工作方式。除了对气温较为敏感之外，热虹吸系统的水箱与ICS系统一样非常重，通常需要对屋顶进行特别加固。

 技术小贴士

推荐的热水温度

根据大多数专家的意见，家用热水的温度不宜超过125℉。国际暖通管道规范（IPC）规定沐浴或浴缸的最高水温为120℉。如果水温超过这个数值，就可能带来烫伤的严重风险，对儿童尤其如此。然而，清洗餐盘时需要140℉的热水，降低水温可能使洗涤剂在洗碗机或洗衣机中无法发挥正常效力。事实上，大多数肥皂和清洁剂的最佳设计使用温度为120～125℉。

2.2 主动系统

主动系统与被动系统的区别在于是否有帮助流体流动的机械装置。例如，用于室内空间加热的主动系统可能会使用电风扇使气流在系统中循环。在这类配置中，可以在太阳能集热系统中安装一台管道风机，如图2-7所示，或者干脆安装一台普通吊扇来促进室内空气循环（见图2-8）。

然而，大多数与集热式系统配套使用的主动系统会在阳光不足时提供热量。这些系统通常采用液态介质，其中的水或防冻溶液在水泵的推动下在液体集热器中流动。它们可用于房间加热、室内热水或二者兼顾。主动式太阳能集热系统有很多种配置方式，包括：开路系统、闭路系统、回流系统、承压系统、非承压系统。

1. 开路系统

开路系统是一种将太阳能集热器中的热水直接送往蓄水箱或室内热水器的系统（见图2-9）。之所以被称为开路系统，是因为从集热器到蓄水箱或热水器的管路与家庭井水供水系统或城市自来水系统直接相连。在这种系统中，采用水泵来实现从太阳能集热器到蓄水箱或热水器之间的水循环。在某些应用场合，会采用主水箱与备用热水器的联合方式。

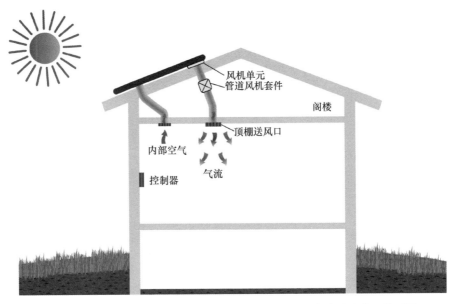

图 2-7　一个安装有管道风机的太阳能集热系统就是一套主动式太阳能系统

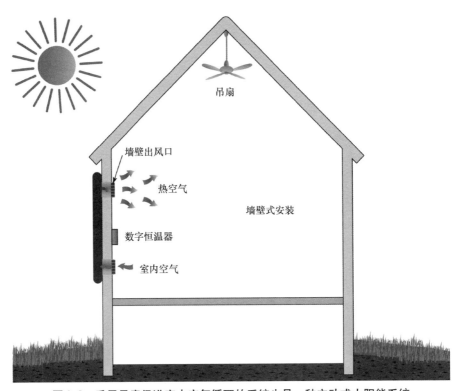

图 2-8　采用吊扇促进室内空气循环的系统也是一种主动式太阳能系统

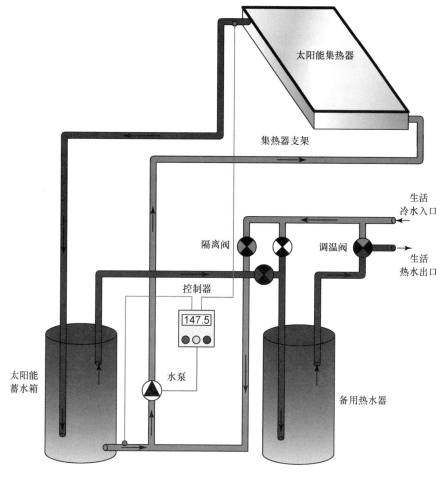

图 2-9　开路式太阳能集热系统采用了两个水箱

通过测量水在水箱中和集热器出水口处的温差，可以对流过集热器的水量进行控制。当集热器出水口的水温高于水箱内的水温时，控制器就会启动水泵，使水流过水箱，最终再回到太阳能集热器中。

开路式集热系统的效率很高，安装简便，运行可靠。其采用的循环水泵的功率可以低至 10W。如果水泵采用直流电（DC），就可以直接利用光伏电池供电。然而开路式系统也存在一些缺点。因为利用了家庭生活供水系统，所以无法采用防冻溶液进行热循环，因此就会受到结冰的困扰。如果在那些可能会结冰的地区使用，当室外气温预计会降低到 35 ℉时就要排空系统。除了结冰的问题，开路式太阳能集热系统还会受到水质的影响。应避免酸性的水质、水锈和溶解物超标（硬水）的水质。硬水或酸性水会腐蚀管路系统，造成水垢积聚，导致集热器的过早损坏。

2. 闭路系统

闭路系统与开路系统的结构大致相似，区别在于太阳能集热器和贮箱内部的换热器中采用了换热流体（见图 2-10）。

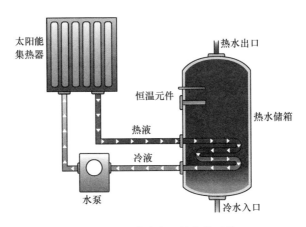

图 2-10　闭路式太阳能集热系统

换热流体通常由乙二醇和水组成，这种混合物几乎可以适应任何气候条件，包括低于冰点的温度。还有些系统会使用食品级的丙二醇。作为液体防冻剂的丙二醇是无毒的，即便与家庭供水发生接触也不会造成危害。如果没有加入防冻剂，那么仅仅一个低于冰点的夜晚就能对太阳能集热器造成严重损坏。这种情况在那些看上去比较温暖的地区如亚利桑那、德克萨斯和佛罗里达都是可能发生的。这就是为什么在美国和加拿大的所有闭路蓄热系统都要采取一定的防冻保护措施的原因（见图 2-11）。

图 2-11　在寒冷天气使用太阳能集热器时必须采取防冻措施

另一方面，采用乙二醇的太阳能集热系统永远不会被设计在高于 195℉ 的温度下连续工作。因为那样会导致乙二醇溶液变质并很快转化为乙醇酸，从而引起铜质管道的锈蚀并最终损坏。此外，采用乙二醇的系统不应当长期闲置，如果溶液不能经常进行循环流动，就会变质，形成沉淀和有机酸，在炎热暴晒的季节尤其如此。这种情形也会引起管路和集热器的腐蚀，并极大地影响换热效率。可以通过采用回流系统或排流系统来防止在蓄热系统中出现冰冻和乙二醇变质问题，这些方法将在下面进行介绍。

懂得更多

丙二醇与环境

丙二醇是饮料中的一种常见添加剂。它是一种可生物降解物质，不会在普通水系中聚集。而且，对水生生物的影响表明丙二醇不具有实际的毒性。

3. 回流系统

回流系统则为太阳能集热系统提供了另一种可行的防冻方法，可以在美国的任何地区安全地使用。这种方法是在系统不采集太阳能时将太阳能集热器和任何暴露管道中的水或乙二醇溶液排至回流罐中，而回流罐位于室内，从而防止液体上冻（见图 2-12）。

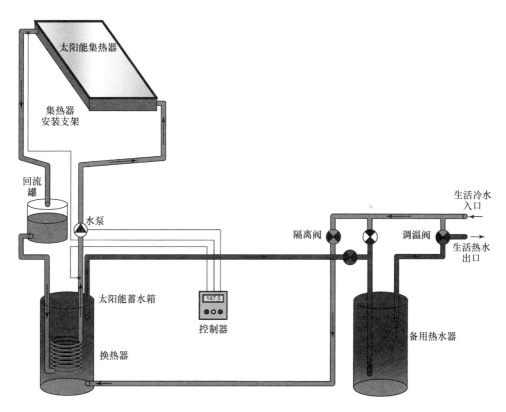

图 2-12　采用回流技术的太阳能集热系统

当系统中的循环泵关闭后，回流系统依靠高低走向合理的管路系统迅速将水或乙二醇溶液排出。如果系统中原来有水，则回流罐被注水至预定水位。当循环泵停止工作而系统回流时，所有高于回流罐水位的管路，包括太阳能集热器中的管路都会进气排水。这样，即便室外气温低于冰点，暴露在外的管路也能防止损坏。所有低于回流罐水位的管路或其他部件则仍然注满了液体。当系统中的循环泵重新启动后，液体会被重新泵至集热器。这样一来，空气就会被挤压至液体的前端，为液体让出空间并最终回到回流罐。这个过程会使得回流罐中的液位有少许降低，因为液体取代了太阳能集热器和系统管路中的空气。需要注意的一点是，在回流系统中不应使用排气口（见图2-13）。在太阳能集热器中使用排气口的方法参见"绿色小贴士"。

图2-13　在闭路太阳能集热器中必须使用自动排气口

4. 承压与非承压系统

承压太阳能集热系统的循环回路相对于大气是密闭的。这类系统具有闭路系统和回流系统的特征。非承压系统的循环回路相对于大气是开放的，例如开路系统。对于上述的所有系统，都应注意管路的合理设计，包括对膨胀水箱、压力调节阀、水量调节阀、高温限制开关和泄压阀的使用，以及循环泵的合理安装位置等。

 绿色小贴士

太阳能集热器的排气口

排气口安装在管路的最高点，通常位于集热器的出口附近。当对太阳能集热系统的管路进行规划设计时，必须清楚哪些类型的系统需要排气口。通常大多数闭路承压系统需要使用排气口。在这类系统中，排出管路或集热器中的滞留空气是非常重要的工作。滞留的空气会引发一系列的问题，会导致循环换热流体的减少，从而降低甚至终止系统的热交换，还会导致管路腐蚀与异常噪声。

2.3　太阳能集热器

太阳能集热器是蓄热系统的核心部件，它们收集太阳的辐射能，并将其转化为热能。这些能量再被转移到由水或乙二醇组成的换热流体中。几乎所有依靠液体工作的太阳能集热系统，都会使用平板集热器和真空管集热器这两种太阳能集热器中的一种。

所需液体温度为 200°F 以下的大多数家用或商用太阳能集热系统，通常都会采用平板集热器。对于所需液体温度高于 200°F 的场合，通常会采用真空管集热器。

1. 平板集热器

　　平板集热器是太阳能集热系统最常用的集热器类型（见图 2-14）。一台典型的平板集热器由覆盖低铁钢化玻璃（透光盖板）的带绝热层的金属箱组成。透光盖板可以承受很高的温度，也能经受冰雹的袭击。它采用低铁氧化物材料来减少阳光透过时对太阳辐射能量的吸收。

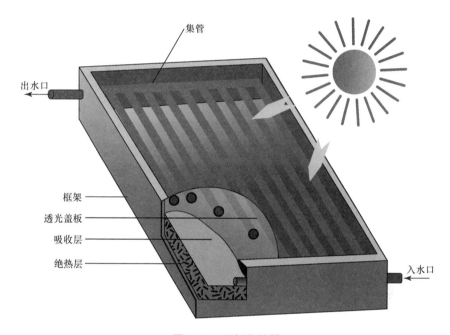

图 2-14　平板集热器

　　平板集热器的主要部件是集热板，通常由薄铜板与上面固定的铜质管道组成。集热板的表面通常被涂上深色涂料或特殊涂层，以便在阳光透过盖板照射到其表面时更好地吸收太阳能。当集热板被加热后，阳光中的能量就被转移到与平板相连的铜管内循环流动的流体中，因为流体的温度低于集热板温度，所以就会发生热量的转移。在流体吸热的同时，被泵推动流过集热器进入贮箱或换热器（见图 2-15）。

　　在那些可以得到稳定数量太阳能的地区，平板集热器每天可得热水量约为 $1\,\text{gal/ft}^2$，可以据此计算所需集热器的面积。图 2-16 所示安装在屋顶的平板集热器通常用于生产热水。

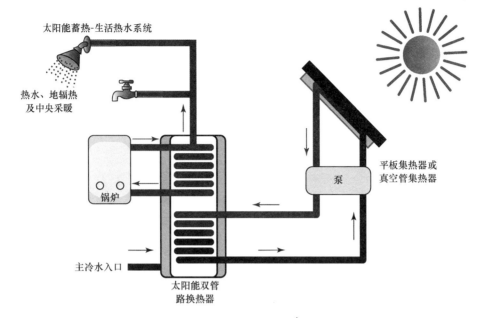

图 2-15　平板集热器用于提供生活热水和采暖

2. 真空管集热器

这种集热器由多根玻璃管组成，每根管子具有共轴的玻璃内层和外层。内外层之间的夹层里的空气被抽走，从而形成真空状态。该真空层有效地避免了热量在内外壁之间的传导和对流，为太阳能集热器提供了最佳的绝热环境，其结果就是在较低的环境温度下仍然能够保持优异的性能。在玻璃管内部有铜管吸收热量（这是热管式集热器的结构——译者注）。

图 2-16　安装在屋顶的平板集热器

太阳能产能的热量沿着管道被输送至管道末端外部的热管冷凝器中（见图 2-17）。每个热管冷凝器与集热器顶部的铜质集流管相连（见图 2-18），而铜集流管位于绝热的铝质集箱中，在此处被加热的流体从集热器流向蓄水箱或换热器（见图 2-19）。如图 2-20 所示，太阳能被内部的热管吸收然后送往冷凝端，在冷凝端加热流过集流管的流体。在屋顶或墙壁上安装的真空集热器称为集热阵列（见图 2-21）。

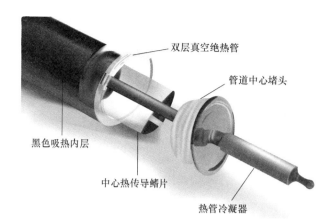

双层真空绝热管

管道中心堵头

黑色吸热内层

中心热传导鳍片

热管冷凝器

图 2-17 真空太阳能集热管的内部结构

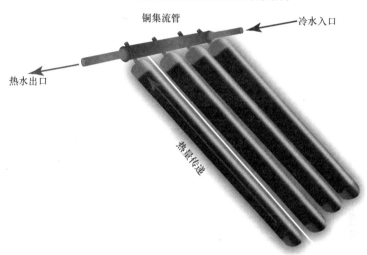

铜集流管

冷水入口

热水出口

热量传递

图 2-18 真空管连接至铜质集流管

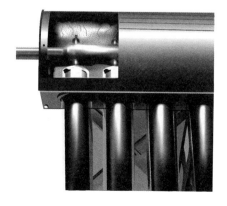

图 2-19 铜集流管的主体位于铝质集箱内

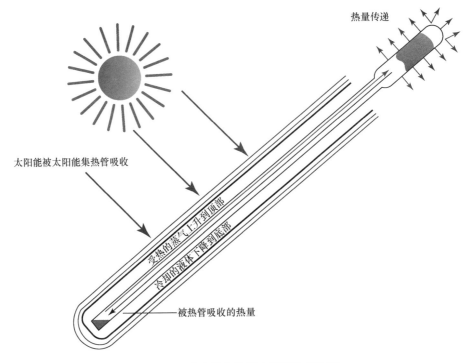

热量传递

太阳能被太阳能集热管吸收

受热的蒸气上升到顶部

冷却的液体下降到底部

被热管吸收的热量

图 2-20　真空管集热器实现了热量传递

　　究竟选择何种类型的太阳能集热系统取决于多种因素，例如地理位置、所需的热水量，以及辅助加热的燃料类型等。当你准备投入大笔资金安装太阳能设备时，最好向本地经销商进行咨询，并问一问那些采购过类似系统的用户，这样可以保证在准确决策和比较分析的基础上实现最佳的投资效益。

图 2-21　一组安装在墙壁上的集热阵列

　现场小贴士

太阳能真空管

　　因为真空管集热器与外部的热传递主要依靠辐射而不是传导，所以其自身不会像平板集热器那样被加热。因此在冬季，落在管子上的积雪不会迅速融化。清除玻璃管上的积雪而不打碎玻璃可不是件容易的事情，应当格外小心。

第3章
太阳能集热系统的应用 ·············

一旦确定了太阳能集热系统的类型，下一步就是要在满足应用的基础上进行合理的安装。太阳能集热系统有多种用途，既可用于家庭，也可用于商业。

应当牢记，太阳能的应用分为三个步骤：太阳能必须首先被收集，然后必须被蓄存，最后必须被分配。其中用于太阳能转化的介质是水或者是水与防冻溶液。太阳能的收集是由室外的太阳能集热器完成的，其原理已在第2章中介绍过。太阳能的蓄存涉及某些类型的槽罐或容器，在第2章中也进行了讨论。太阳能的分配可以利用房屋已有的管路系统进行，如通过热水系统或中央采暖系统，或者通过专用的太阳能加热系统，这其中就包括了贮箱。

太阳能集热系统既可以单纯用于采暖，也可以用于几种应用的组合。在家庭应用方面的用途包括：泳池加热、浴缸加热、空间采暖，当然还可以供应生活热水（见图3-1）。

图3-1　太阳能可用于加热泳池和浴缸

在商业用途方面，太阳能集热系统可用于餐饮行业（餐厅和烘焙店）和洗车行业，还可以为有很多独立单元的建筑物（如各种类型的公寓楼）提供热水（见图3-2）。

图 3-2 商用太阳能热水器的重要用途是为洗车行业和公寓楼提供热水

3.1 太阳能集热系统的安装

在设备安装之前，必须要确定太阳能集热器的正确安装位置。为了精确定位，有必要进行现场勘查。在现场精确勘查完成之前，我们必须了解地球和阳光角度之间的关系。

1. 太阳角度

地球在绕太阳公转时也在自转，自转轴穿过北极和南极，与地球公转轨道平面的夹角为 23.44°，这个夹角称为倾斜角（见图 3-3）。

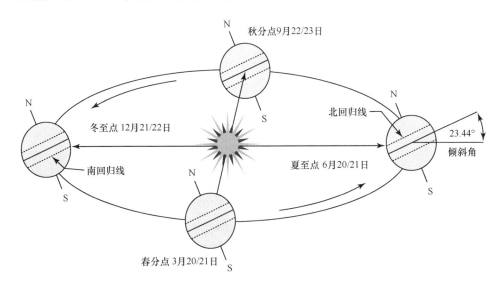

图 3-3 地球以 23.44° 的倾斜角绕太阳公转

地球的倾斜角解释了为何在地球围绕太阳公转的时候会发生四季的更迭和白昼时间长度的变化。太阳对地面的辐射强度也会因此受到显著的影响，这种影响可以通过太阳在天空中的运行轨迹观测到。太阳在天空中的精确位置可以通过对两个角度的测量得到。第一个角度是太阳高度角，通过测量地平面与太阳中心的夹角得到。第二个角度是太阳方位角。在测量时，以真北方向为0°，沿顺时针方向转动直到与太阳位置交会，得到的角度就是太阳方位角（见图3-4）。

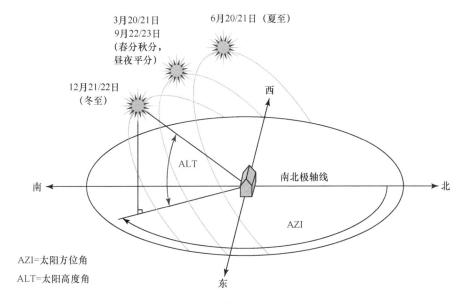

图 3-4　相对于地球的太阳方位角与高度角

当太阳在天空中运行时，这两个角度的变化规律是固定的，与观测地点的纬度和经度密切相关。这些角度的计算对于确定太阳能集热器的安装位置非常重要。幸运的是，这些角度已经被精确地测量过了，在地球的任何时间与任何一点都能被计算出来。为方便起见，可以从美国俄勒冈大学太阳观测实验室网站生成地球任意地点和任何时间的太阳轨迹图，其网址为 http://solardat. uoregon . edu/SunChartProgram. html。

2. 太阳能采集面板的安装方位

太阳能集热器安装方位能够极大地影响太阳能集热系统的性能和寿命。在选择安装地点时，最大的问题是太阳能采集器受到遮挡。显然，必须将集热器周边的遮挡物（如树木、山丘、建筑物或其他物体）的影响降低至最小。有一种用于检测遮挡状况的仪器叫作太阳路径检测仪（solar pathfinder），将该仪器放置在预定安装位置上，就可以评估出遮挡状况。将检测仪以适当的方位放置好，仪器的半球状顶盖就会将附近物体投射到一个特殊图形上，从而指示出哪个方位存在遮挡状况（见图 3-5）。

显然，太阳能集热器最好在受到阳光照射时避免被遮挡。然而，一般规定为集热器面板的任何部位在每天上午 9 时至下午 3 时之间不被遮挡即可。

太阳能集热器的安装角度也非常重要。在北半球，集热器面向正南方可以得到最佳的日照（太阳辐射），正南方即为 180°方位角的方向。而在某些情况下，由于受到原有建筑物走向的影响，不可能精确地实现这一角度。幸运的是，集热器捕获到的总太阳能量并不是全由方位角决定的。与正南方向偏东或偏西 30°之内的范围仅仅会使全年太阳能的采集量减少 2.5%。

另一项影响太阳能集热器安装的重要因素是集热器的倾斜角度。理想的倾角取决于所在地区的纬度和系统的预定用途。例如，用于提供生活热水的太阳能集热器的安装倾角应当等于当地纬度值，然而 ±10°之内的偏差并不会显著降低太阳能的总采集量。若太阳能集热系统是用于室内采暖的，则集热器的倾角应该更陡一些，以便在秋冬季和春季更好地对准太阳方向（见图 3-6）。

图 3-5　太阳路径检测仪用于测定太阳能面板受到的遮挡状况

图 3-6　采暖用集热器的倾角应该更陡一些

在此类用途中，需要将当地的纬度值加上 10°~20°作为集热器的倾角。采用更陡的倾角将会减少在夏季的太阳能采集量，然而这样做会防止用于采暖的大型太阳能阵列的过热现象。即便这样也会产生不良后果，即在较热的季节这些大型太阳能阵列也会带来过多的热量。对于采暖和提供热水的双用途场合，将当地纬度值加上 10°~20°作为集热器的倾角也是可行的。例如，在北纬 44°的地区采用的倾角约为 60°。如果不考虑用途，所有的太阳能集热器的倾角至少应为 15°，这样就能有足够的坡度以便让正常的降雨冲刷掉集热器表面的灰尘、花粉和其他污垢，从而防止集热器的玻璃表面被污渍遮盖。图 3-7 给出了不同集热器面板的位置示例，能够保证其朝向正南方向并有适当的倾角。

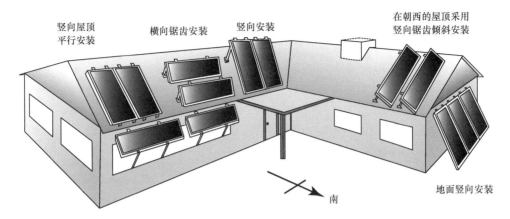

竖向屋顶
平行安装

横向锯齿安装

竖向安装

在朝西的屋顶采用
竖向锯齿倾斜安装

南

地面竖向安装

图 3-7　不同集热器面板的位置示例

3. 太阳能面板的安装

大多数太阳能集热器采用屋顶安装方式。为安装成功，应把握几个要点，以确保集热器或阵列自身牢固并与屋顶结合稳固。此外，安装人员必须考虑集热器是否可能经受极端天气（如龙卷风或飓风）的考验。在这种状况下，作用在倾斜或举升安装的集热器上的风力会对面板正面产生吸力，并对面板背面产生抬升力（见图 3-8）。

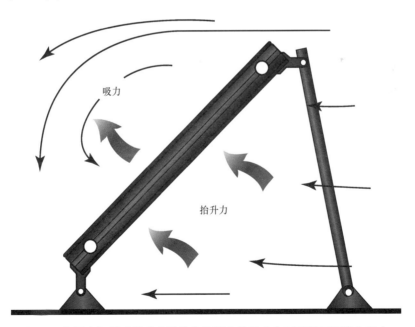

吸力

抬升力

图 3-8　作用在倾斜或举升安装的集热器上的风力会对面板正面产生吸力，
并对面板背面产生抬升力

绝对不要低估大自然的力量！必须针对安装地域的最坏天气状况做好预案和针对性措施。

太阳能集热器的制造商应当提供合适的框架、安装支座和紧固件，以用于实现牢固而无应力的安装。在开始安装之前，应确认屋顶的结构状况适合集热器的安装。应当进行检测，以确保房屋顶板处于良好的状况，确保屋顶平台及桁架的结构强度足够支撑太阳能集热器的重量。大多数情况下，在普通屋顶上安装一台标准的集热器应该是没有问题的（见图3-9）。

图3-9　在多数情况下太阳能集热器可与屋顶平齐安装

安装太阳能集热器或阵列的第一步是确定框架、支撑座或卡钩在屋顶桁架或椽子上的位置。可以先把这些部件放置在屋顶，然后仔细测量部件之间的距离以确定位置。在确定了它们桁架上的位置后，用木螺栓将集热器的安装卡钩固定在桁架上（见图3-10）。通常情况下，应当用硅树脂密封胶对支架卡钩的下面进行密封处理，以防止雨水透过屋顶安装孔渗入室内。

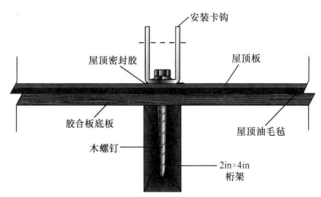

图3-10　用木螺栓将卡钩固定在屋顶桁架上

注：1in = 0.0254m。

安装人员最好选用不锈钢紧固件，因为其不易被腐蚀。当支架卡钩被安装在屋顶上之后，下一步就是安装所需的支架了。有些情况下也可以直接将集热器安装在支架卡钩上，这取决于屋顶的坡度。当支架被牢固安装之后，将集热器举升到屋顶，安装到屋顶卡钩或支架上面。请注意，太阳能面板的质量可达100～150lb，因此需要多人协作将其安装到位（见图3-11）。

当集热器安装到位之后，下一步就是安装太阳能集热系统的管路，这时要在屋顶适当位置打孔以便穿过管道。在这个步骤，需要穿过屋顶的防水板铺设流体进出的管道，并将防水板打孔处进行密封处理以防止漏水（见图 3-12）。

图 3-11　协作安装太阳能面板　　　　图 3-12　穿过屋顶的防水板铺设流体进出的管道

如果在这一步的操作中有任何疑惑，请咨询当地的屋顶建筑商或请其协助工作。记住温度传感器的电缆通常也需要布设到屋顶上。这个传感器能够测量太阳能集热器的出水温度，用于循环泵的控制。对需要这种线路的系统，应在防水板处使用一个专用附件用于保护线路和传感器。

4. 系统管路安装

当太阳能集热器或阵列安装好之后，就可以在屋顶下面安装管路以连接集热器和蓄水箱（见图 3-13）。根据选择的系统类型（主动式或被动式，开路或闭路），管路的布局存在很大区别。请参考第 2 章的相关内容来确定最合适的管路布局方案。

无论太阳能集热系统用于何种用途，都应注意一些管路布设的经验和附件，尤其是对于闭路/承压系统。用于闭路系统的典型附件将在下面进行讨论。

5. 膨胀罐

膨胀罐是一个小型压力容器（见图 3-14）。当系统中的水或水与防冻剂混合物受热膨胀后，膨胀罐能够起到分流贮存的作用。水受热后会膨胀，如果这种膨胀无法得到某种形式的分流或释放，就会导致管路破裂。膨胀罐内部有一个橡胶囊，把空气和水分隔开。当水受热后，橡胶囊能够容纳水的膨胀体积。当水冷却后，橡胶囊收缩，而空气室仍可维持闭路系统的正压。

这个橡胶囊必须能够耐受乙二醇。罐中的压缩空气可以通过接嘴进行增压或减压调节——类似给汽车轮胎充气的过程。通常膨胀罐预充入压力为 12～15psi（$1 \mathrm{psi}=1 \mathrm{lbf}/\mathrm{in}^2=6894.76 \mathrm{Pa}$）的氮气。膨胀罐应当被安装在室内水箱或换热器的下游和循环泵的上游处（见图 3-15）。

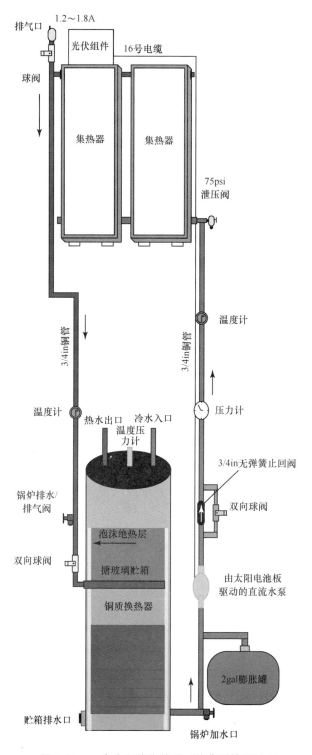

图 3-13 一个太阳能集热单元的典型管路配置

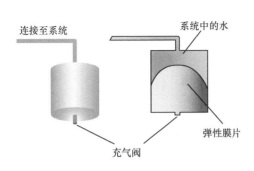

连接至系统

系统中的水

弹性膜片

充气阀

图 3-14　常见膨胀罐剖视图　　　　图 3-15　安装好的膨胀罐

6. 排气口和空气分离器

在所有的闭路系统中都应当安装排气口和空气分离器。水中含有一定比例的溶解氧，当水被压入一个密闭承压的系统中后，氧会从水中析出并形成滞留气体。如果不进行检查，密闭系统中的空气会导致管路腐蚀和气阻，而后者会阻碍水在系统中的循环流动。

顾名思义，空气分离器用于当水流过系统时将其中的空气分离出来（见图 3-16）。最新一代的空气分离器采用了网筛，能够吸附撞击在上面的空气。当很多小气泡聚集在筛孔上之后，就会形成大气泡，最终挣脱网筛向上进入排气口。

自动排气口通常安装在空气分离器的顶部，其内部有一个薄片，当接触水后就会膨胀，从而将气孔密闭。然而当空气聚集在薄片周围时，它就会变得干燥从而收缩，使得空气能够穿过排气口。当流经薄片的空气被水取代后，薄片又一次膨胀，将气孔密闭。排气口垂直安装在系统的最高点位，并位于回流管路上（见图 3-17）。

图 3-16　空气分离器　　　　　图 3-17　排气口位于系统的最高点位

7. 泄压阀

泄压阀有时也称为安全阀，用于防止太阳能集热系统的压力达到过高的水平（见图3-18）。这些阀门既有固定压力型的，也有压力可调型的。当达到设定的压力时，阀门开启，将流体泄放入大气，从而防止因系统的压力过高而损坏集热器和相关设备。泄压阀通常设定的开启压力范围为30~75psi，该数值根据系统的配置情况而有所不同。它们应当安装在集热器的底部封头附近。

8. 防冻保护阀

防冻保护阀（FPV）也称为防冻阀（见图3-19），它们显然适用于那些可能发生管路冻结的地区。防冻保护阀安装在屋顶太阳能集热器出水口附近，防止集热器管道中的液体在寒冷天气里冻结，还能够保护集热器与阀门之间的管路。在间接式热虹吸系统中，防冻保护阀可以对上水和回水管路都提供保护。在防冻保护阀中，有一些蜡状材料被填充到一个小室之中，当温度降低至冰点后，这种材料就会改变体积，从而使小股水流流过泄放口。

图 3-18　泄压阀

图 3-19　防冻保护阀

9. 止回阀

止回阀使流体只能单向流动。它还能够通过阻止热量在夜间从较热的贮箱向较冷的屋顶集热器的对流来减少系统的热量损失。尤其是当系统使用乙二醇作为防冻液时，由于乙二醇变冷后的虹吸速度比水更快，止回阀的作用会更加明显。止回阀可以安装在靠近室内贮箱的供水或回水管路上。它应当安装在垂直走向的管路上，因为那里的重力效果最明显。建议采用弹簧止回阀而不是摆动式止回阀，因为后者不能进行充分的回位以阻止热虹吸的发生。只有当水或防冻液的压力超过弹簧闭合力之后阀门才能开启（见图3-20）。当循环泵停止工作后，弹簧会自动闭合阀门，从而防止水回流至贮箱。

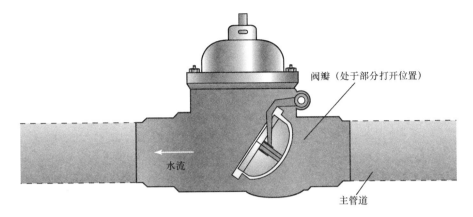

　　阀瓣（处于部分打开位置）

水流

主管道

图 3-20　止回阀的工作原理

10. 压力计和温度计

　　压力计和温度计用于对系统的关键状态进行监测，应该安装在易于进行观察读数的地方——通常位于视线高度。一般采用测量范围为 0～60psi 的压力计，尤其对于乙二醇系统更是如此。如果把压力计安装在循环泵的两端，就可以利用水泵制造商提供的泵曲线，根据压降值计算出系统的流量。

　　温度计应安装在太阳能集热器的回水端，位于贮箱或换热器之前。温度计的测量范围为 0～250℉。

　　压力和温度组合仪表如图 3-21 所示。

　　第二个温度计应当安装在贮箱或换热器的出水端。利用这两个温度值很容易监测系统的

图 3-21　压力和温度组合仪表

效率。当系统的流量恒定且日照充分时，贮箱或换热器两端的温差应在 5～20℉。还可以在室外太阳能集热器的进水和回水端安装两个温度计，这两个温度计的读数差应当小于 20℉。

3.2 太阳能集热系统的控制方案

　　当太阳能集热器和室内贮箱安装完毕，且所有管路也铺设完成之后，下一步的工作就是对系统运行的控制。控制系统是太阳能集热系统不可或缺的一部分，对于保证系统的最佳效率十分重要。无论控制系统采用何种类型，控制的逻辑是类似的。以下是用于太阳能集热控制系统的一些定义：

1）受控介质：系统中受控的物质。此处受控介质为在回路中流动的水或防冻溶液。

2）受控介质温度：受控物质的实际温度。此处受控介质温度为在回路中流动的水或防冻溶液的温度。

3）控制设备：调节系统中介质流动状况的设备。此处控制设备是循环泵。

4）温度设定值：受控介质的期望温度。

5）输入信号：通常由连接至控制器的各个温度传感器提供。

6）输出信号：控制器输出的信号，用于启动或关闭循环泵。

7）控制器：从温度传感器接收信号，与设定值进行比对，并向控制设备发出适当输出信号的装置。

8）控制回路：系统中的输入设备、控制器和输出设备所构成的回路。

采用乙二醇介质的主动式闭路太阳能集热系统最常见的控制策略是温差控制。这类系统通过监测两个温度传感器对相应的循环泵进行控制：其中一个传感器位于太阳能集热器的出口，另一个传感器监测贮箱内的水温（见图 3-22）。温度传感器的内部结构如图 3-23 所示。

图 3-22　控制器通过监测两个温度
传感器对循环泵进行控制

图 3-23　温度传感器的内部结构

控制器对两个传感器与其设定值的温度差进行持续监测（见图 3-23）。当位于集热器出口的传感器温度高于设定值时，控制器启动乙二醇回路中的循环泵。类似的，当贮箱水温超过其设定值时，生活用水回路的循环泵被启动。控制器的正常温差设定值为 5～10℉。只要集热器出口或贮箱的水温超过设定值 5～10℉，相应的泵就会持续运转。这就是晴朗天气时的控制方案。如果这些温度等于或低于设定值，泵就会关闭。先进的控制器还会根据集热器和贮箱的温差大小按比例调整泵的运转速度。当温差增加时，泵的速度也会加快。这种方案能够减少在非持续晴朗天气中泵的电能消耗量。

如今有的循环泵采用直流电（DC）供电，并且能够由光伏电池提供电能（见图 3-24）。通过这种手段，可以降低循环泵的运行成本，还可以利用阳光的强弱来调整泵的运行速度。当阳光的能量水平提高时，循环泵的运行速度也会自动增加，使得集热器的换热速度增加。

另一种方案是同时采用交流（AC）循环泵和直流循环泵。这样一来，即便交流泵断电，直流泵仍可以保证系统的循环运行。当采用光伏电池为直流泵供电时，必须使泵与太阳

图 3-24　可由光伏电池供电的直流循环泵

电池板相匹配。同时，还应注意直流泵的功率应足够驱动回路中的流体。并非所有的直流泵都有与交流泵相同的额定输出功率，而由于防冻液的黏度较大，进一步增加了泵送的难度。

现代数字控制器采用了一种称为热敏电阻的特殊温度传感器来控制太阳能集热系统。根据定义，热敏电阻是一种由半导体材料制成的电阻器，其电阻值随温度的变化而变化。当热敏电阻的温度升高时，电阻值下降。由于热敏电阻具有较高的精度和可靠性，被广泛用于现代控制过程。它们可以通过两种不同的方式来安装，其中一种方式是直接将传感器装在管路上测量水温，即所谓的捆绑式温度传感器（见图 3-25）。安装人员必须确保传感器与管路接触良好。

另一种方法是将嵌入套管安装在管道中，再把传感器插入套管中（见图 3-26）。这种方法比捆绑式温度传感器的精度更高，而且不易损坏和疏忽。

图 3-25　捆绑式温度传感器

图 3-26　嵌入式温度传感器

如今现代数字控制器的其他特性包括：

1）控制多级单元。

2）控制器带有液晶显示器（LCD）。

3）需求约束策略。

4）定时预约功能。

5）室外温度重置功能。

6）夜间温度降低功能。

7）数据记录。

3.3 注水与系统启动

当温度控制系统安装好且所有的管路铺设完毕后，就可以向系统注水，运行启动程序。然而，在系统注水之前，必须首先进行检漏测试。这里应该注意，膨胀罐和通气口可以在系统检漏测试完成并进行了系统管路清洁之后再安装。可以将安装这些设备的管口暂时用堵头堵住。

1. 系统的清洁与冲刷

首先向系统充气直至压力达到 50 ~ 60psi。注意充气比注水更容易检测出系统的漏点。当系统带压后，将中性皂液涂抹在所有的接头处以检查漏点。洗碗液就很适合用于检漏，也可以在水暖用品商店购买商用检漏液。记录下压力计的读数，然后等待至少 30min，观察压力是否下降。如果可能的话，在注水前将系统保压一整夜以确保其没有泄漏。

当确认系统无泄漏之后，下一步就是清洁管路。按照一杯磷酸三钠加 1gal 水的比例配制溶液。为确保系统清洗干净，可能需要配制数加仑的清洁液。最好使用容积泵将清洁液注入系统。当注液完毕后，启动循环泵，运行 30min，清洗掉管道中所有的助焊剂、螺纹油和其他碎屑，然后将清洗液排放掉，再用清水冲刷系统。

2. 系统加注

此时需要安装膨胀罐和通气口。然而在安装膨胀罐之前，必须将其充气到正确的压力值，一般为 15psi。即便膨胀罐的压力超过 15psi，只要没有超过制造商对于太阳能集热器或系统部件的建议值，就不会对系统造成损害。

在向系统注入水或乙二醇之前，需要对太阳能集热器的面板进行遮盖，以防止在加注时溶液的温度上升过快。现在打开集热器旁边的通气口，这会迫使系统中的气体流向回路的最高处。泄压阀在初始注入过程中也应开启，直到有液体从中溢出时将其关闭。在加注过程中，容积泵又一次成为系统加注的最佳设备。在系统的最低点注入溶液，将空气向上方挤压，排入大气。此刻，如果有一辆冲洗-加注手推车就会使加注工作变得方便许多（见图3-27）。

当系统加注之后，启动循环泵将所有的气泡从管道中排出。通气口会始终打开，直至所有的气泡都被从系统中排出。记录系统的工作压力并对之进行数天的监视，确保其处于恒定状态。如果在此期间仅有10psi以内的下降，则很可能说明系统中已经没有空气了。

上述工作完成后，温度控制系统就可以对系统进行监测和控制了。在最初几周的运行中，应对系统压力和温度进行定期检查，确保其处于正常范围之内。如前所述，流经换热器或贮箱的液体的温差应维持在 $10 \sim 25 ^\circ F$，这表明换热器的工作正常。

其他需进行监测或遵循的保养要点如下：

1）注意泵是否在"错误的时间"（如夜间）工作。

图 3-27 冲洗-加注手推车

2）每年用水和软毛刷对集热器进行清洗。

3）当长时间没有降雨时，用水对集热器进行喷洒。

4）在所有管路上贴上标示流向的标签。

5）定期对所有接头进行泄漏检查。

6）如果制造商有要求，则每半年对循环泵电动机进行润滑。

7）除非系统出现淤塞问题，否则在 10 年内无须更换乙二醇溶液。

3.4 太阳能集热系统的用途

到目前为止，书中讨论的太阳能集热系统的应用大多集中在供应生活热水方面。然而还有其他几项应用也非常适合这类集热系统。

1. 泳池加热

所有泳池加热器的目的都是为了延长游泳季的时间，使其从早春开始，直至秋季结束。太阳能泳池加热器的魅力在于其相对常规泳池加热器的低廉运行成本。太阳能泳池加热器一般采用聚丙烯制成的无盖板低温集热器（见图3-28）。采用此类集热器的原因是让其运行在稍高于环境气温的温度下即可。如此一来，集热器就可以将大量体积的水加热仅仅几华氏度。请记住用太阳能集热器加热泳池是一场"马拉松"而不是"冲刺跑"。同时，将水温仅仅加热到比环境温度高几华氏度的水平还能够防止热量分层，使得泳池水温更加均衡。如果在泳池不用时盖上盖布，则水温可以超过环境温度 18 ~ 25 ℉。

图 3-28　太阳能泳池加热系统的管路布局

用于泳池加热的集热器面积通常是泳池面积的 50% ~ 100%。根据经验法则，太阳能集热器的面积每增加泳池面积的 20%，可以使水温升高 3 ℉。例如，如果要使面积为 512ft² 的泳池水温升高 8 ℉，则集热器的面积应为 256ft²。如果集热器面积达到 512ft²，则同样面积的泳池水温将升高 15 ℉。

泳池集热器最好安装在朝南的屋顶上，实际上，在正午前后各 3h 内不受遮挡的任何位置都是可行的，独立式集热器同样可以满足需要。事实上，集热器通常在 4h 内就可以采集到一天中 80% 的太阳辐射能。对一台朝向南面的集热器，这段时间从上午 10 时至下午 2 时。记住，树木或周围建筑物的遮挡会极大降低任何太阳能泳池集热器的制热量。

采用太阳能加热泳池还带来了另一个好处，就是用于集热器水循环的循环泵也可以用于泳池水过滤系统。与提供生活热水的系统类似，太阳能泳池加热器采用两个温度传感器来控制系统。一个传感器位于循环泵 PVC 管道的下游处，测量离开泳池的实际水温；另一个传感器位于集热器阵列的中部。太阳能泳池加热系统的不同之处在于其采用了换向阀。当控制器敏感到集热器的温度比泳池水温传感器测得的温度高 5 ~ 8 ℉ 时，开启换向阀使水流向集热器，然后回到泳池。当控制器敏感到集热器和泳池的温差很小时，切断换向阀，截断流向集热器的路径。泳池水温传感器也在泳池水温超过设定值时发挥高温限制作用，切断流向集热器的水流。

根据系统设计和集热器类型的不同，太阳能泳池加热系统的成本为 1ft² 泳池面积花费 7 ~ 12 美元。与常规加热方法相比，这类系统可以在 1.5 ~ 7 年内收回投资。很明显，太阳能泳池加热是地球上太阳能最具性价比的用途之一。

2. 浴缸和水疗浴池（SPA）加热

在为浴缸和水疗浴池提供热水方面，太阳能加热的工作方式与泳池类似（见图 3-29）。然而为了使水温达到或超过 100°F，可能需要专用的太阳能集热器。同时，因为在傍晚时分要达到这样的高温十分困难，通常需要一台备用加热源。有一种把浴池加热与已有的泳池加热结合起来的办法，就是先与泳池加热一起对浴池进行加热，然后再用辅助加热器将浴池水温稍做提升。同泳池一样，使用浴池盖进行保温可以降低能源损耗。

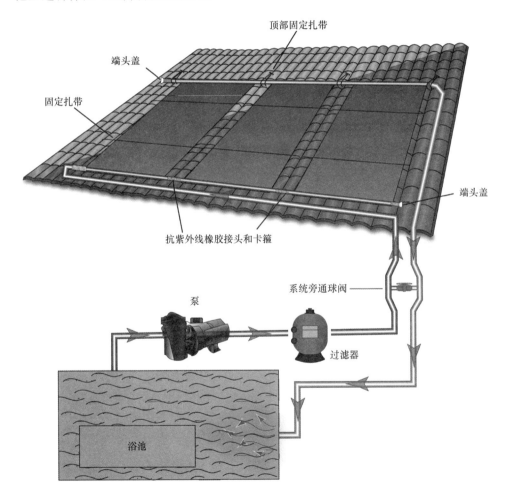

图 3-29　太阳能浴池加热系统布局图

3. 空间加热

利用太阳能进行空间加热（即室内采暖）的方法有两种，即辐射加热和强制对流加热。究竟采用哪种系统取决于采暖系统是新建，还是改造原有的系统以实现空间加热目的。一般来说，在一幢有着良好绝热层、结构牢固的房屋中采用太阳能采暖是一个不错的主意。无论采用哪种系统，太阳能采暖系统通常能够满足 50% ~80% 的年度采暖负荷。

4. 太阳能系统辐射加热

辐射加热是通过将热水在采暖管网中循环来实现的，这些管网通常被嵌入安装在地板中，或穿过采暖终端装置如对流散热器（暖气片）等。当这些装置被加热后，就会向房间内辐射出热量。太阳能辐射加热的特点是系统运行所需的水温较低。常规辐射采暖系统的工作水温高达 180℉，而太阳能系统的水温不超过 120℉。其中的原因是较低的设计温度可以实现较高的太阳能采集效率，即较低的水温等于减少了太阳能采集器的面积。辐射式太阳能采暖通常通过对地板或辐射板加热从而将热量转移到室内（见图 3-30）。

地辐热地板和塑料或交联聚乙烯（PEX）加热管道配合使用，管道采取密集布设，嵌入到房屋地板之下。这种设计适合低热阻（低 R 值）地板层，如瓷砖、乙烯树脂地板或硬木地板。在地辐热供暖的房间内不建议使用地毯，因为地毯会成为加热层与住户之间的隔热层。埋在地板下的加热管道通常间隔为 6in，这样如果管路中的水温能够达到 88℉ 以上，则室内温度可以保持在 70℉ 左右。

如果热水的温度能够维持在 95 ~98℉，则管道的间隔可以增大至 12in。通常地辐热管道的直径为 1/2in。通过用采暖调温器控制区域阀门，就可以对不同区域的温度进行独立控制。主水管与集管相连，不同区域的水流都从集管进出。每条支路都有一个区域阀门，当相应的温控器发出加热指令时就会开启。

还可以将散热片集成到墙壁或顶棚中，从而形成一种与地辐热不同的采暖方式（见图 3-31）。与太阳能地辐热系统类似，散热片工作时的水温也比较低。为了实现足够的热量输出，散热片需要较大的面积才能满足向空间传递热量的速率需求，而且热水管道与散热器表面之间的热阻越低越好。散热片表面通常覆盖石膏板或类似的墙体材料，看上去与标准的室内墙面区别不大。因为这类墙体的热质量较低，因此能够对室内热负荷状况或区域温度调控做出快速响应。当供水温度为 110℉ 时，为把室温维持在 70℉，典型的散热片的功率为 $32Btu/(h \cdot ft^2)$ $[1Btu/(h \cdot ft^2) = 11357J(h \cdot m^2)]$。通过采暖空间的热负荷分析，我们可以确定所需的热量（即 Btu 的数值），从而选用正确的散热片尺寸。大多数制造商都会提供其散热片的额定输出功率参数。

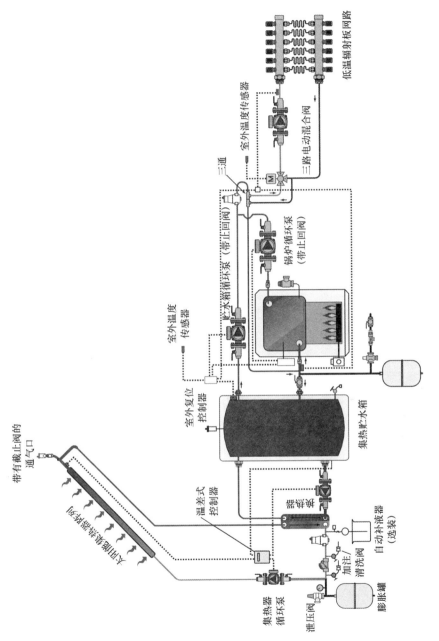

图 3-30 地板辐射采暖的管路布局图

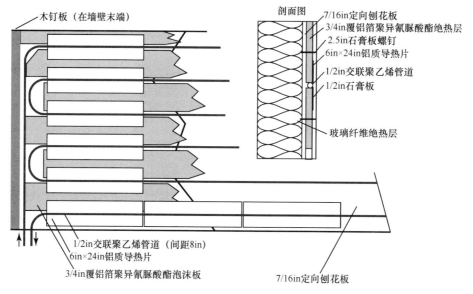

图 3-31　墙壁辐射加热器结构

5. 强制通风系统

在大多数太阳能强制通风采暖系统中，都会使用水与乙二醇的混合物作为热水盘管里的介质。盘管通常安装在强制通风采暖炉的排气室中，注意确保盘管位于采暖炉换热器和空调盘管的下游。如果不这样做，可能会导致这些部件的失效。除了热水盘管，还要安装三路混合阀和暖风温度传感器以实现系统的控制。暖风温度传感器安装在盘管的下游，用来调节采暖炉的排气温度。当接到采暖指令后，采暖炉风机启动，混合阀根据暖风温度对通过盘管的热水进行流量调控。当太阳能系统无法提供足够的热量时，采暖炉燃烧器启动，以维持适当的室温（见图 3-32）。

作为一种辅助措施，在太阳能集热系统中应用贮箱可以保证向盘管供应足够的热水。为了维持贮箱的水温，可以采用一套独立的控制系统，它与生活热水供应系统的控制系统类似。向热水盘管供水的管路上应安装止回阀，以防止在盘管停用时热量从采暖炉向太阳能贮箱逆向传递。

具有最佳规模的太阳能系统可以满足全年 50% ~ 80% 的采暖需求。在阳光较强的时间里，太阳能采暖系统可以达到其最高效能，这段时间通常从上午 9 时到下午 3 时。这个特点使得太阳能强制通风采暖系统最适合商用场合，因为二者的时段比较一致。

用于辐射采暖或强制通风采暖的太阳能集热器的面积取决于很多因素，包括可用太阳能的数量、太阳能集热器的效率、当地的气象条件，以及调温空间对热量的需求。热量需求则取决于绝热水平、房屋的密闭性，以及居住者的生活方式。太阳能集热器的面积一般为房屋建筑面积的 10% ~ 30%。

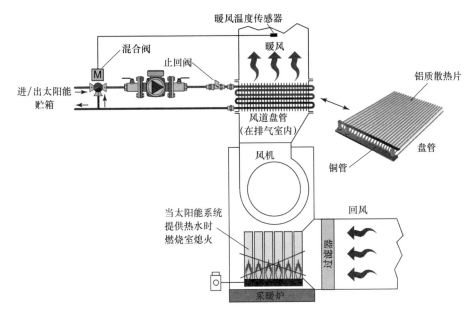

图 3-32　太阳能采暖系统的典型布局图

3.5　太阳能制冷应用

太阳能制冷这个词第一眼看上去似乎有些自我矛盾。毕竟，太阳能集热系统的主要目的是利用太阳的热量进行采暖而不是制冷。然而，我们确实可以利用太阳的能量将热量从室内转移到室外，就像把热量转移到室内一样。太阳能制冷的最简单的途径就是利用太阳电池板驱动室外冷凝单元的风扇电动机。在峰值日照时间段内，这的确是一种节省电费的办法。但是，太阳能和吸收式制冷技术的结合才是太阳能在空调领域的最佳应用途径（见图 3-33）。

吸收式制冷过程采用一个热源来提供驱动制冷系统所需的能量，这里的热源不是常规空调器中采用的机械动力源。在这种应用中，热源就是在太阳能集热器中循环流动的热水。在某些系统中，驱动吸收式制冷单元的热量需要高达 190 ℉ 的热水。因此，需要真空管式太阳能集热器来生产足够的热水才能有效地驱动系统。

吸收式制冷系统并不使用常规制冷剂（如 R-22），而是采用氨水作为传热介质。与常规制冷系统类似，吸收式制冷系统也要使用蒸发器和冷凝器。当氨流经蒸发器时吸收热量，在冷凝器中释放热量。当氨在高压下在冷凝器中从气体转变为液体时，就起到了制冷剂的作用。高压的液体流过节流器，其温度和压力都被

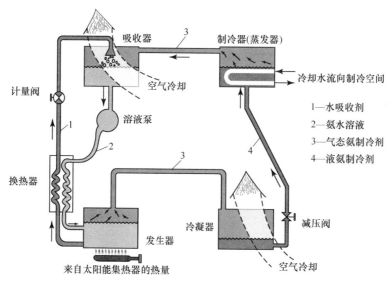

图 3-33　利用太阳能驱动的吸收式制冷系统

降低。低压液体在蒸发器中汽化，在此过程中吸收热量。汽化氨从这里流向吸收器和浓氨水溶液混合。氨有亲水特性，当吸收水后部分氨气会凝结成液态。这是大部分热量转移发生的位置。然而，吸收器并不能够将溶液温度足够降低以释放热量，因此在氨水溶液中的许多氨仍以气态存在。为了进一步释放热量，将空气强制流过氨水溶液，吸收剩余的热量，从而使氨气凝结。然后，用溶液泵将氨水混合物送入发生器，这里是太阳能发挥作用的场所。太阳能集热器对独立的热源水进行加热，将热量传递给发生器。在发生器中，氨水溶液中的氨被汽化，然后被送回冷凝器，重新开始工作循环。

吸收式制冷并非一项新技术，事实上，它已经存在了150年了。许多休闲房车都采用了丙烷气驱动的吸收式制冷冰箱。一种用来取代氨的传热介质是溴化锂。氨水系统通常用于冷冻系统，而溴化锂通常用于空调系统，由于能够利用较低品味的热源如废热和太阳能，因此更适合与太阳能系统联合使用。目前，太阳能只适用于家用或小型吸收式制冷领域，其所需的设备较为昂贵，而太阳能集热器能否产生足够的热量以使系统经济运行仍存在争议。然而，技术在不断进步，设备成本在不断降低，系统的性价比将会得到提升。

案例研究：一如既往地运转

20世纪70年代是太阳能设备安装的高峰期。因为化石燃料价格的上涨，还由于政府对新型太阳能设备的补贴激励政策，许多家庭在那时为了节约能源开支并节省设备及安装费用而使用上了太阳能，戴夫和莎伦·凯切勒也不例外。他们于 1977 年采购了一套太阳能集热系统和木柴炉套装产品（见图 3-34 和图 3-35）。

图 3-34　屋顶安装的太阳能集热器　　图 3-35　木柴炉用于提供热水和采暖

该套装的总价格为 2200 美元，然而他们从政府获得了 50% 的退税，从而使得系统的价格具有很强的吸引力。

这套太阳能集热系统包括一套乙二醇闭路系统和一台平板式换热器。

换热器能够为家庭提供热水。在夏季，该太阳能集热系统可以满足他们对热水的需求。在冬季，当阳光不是十分充足的时候，木柴炉可以为太阳能面板提供补充热能。在峰值日照时间内，家用热水的温度可达 120℉。戴夫将两套系统接通后可以在太阳能和木柴炉之间进行切换，或者将两者结合使用（见图 3-36）。

在他们的热水器中还有一个电加热元件，但很少使用。木柴炉在冬季也是整个房屋的主要供暖设备。

图 3-36　热水贮箱

唯一需要戴夫进行的维护保养工作就是每年检查一次热水回路的工作压力是否正常，并偶尔排出一些多余的气体。在系统安装好之后，他仅仅更换过一次防冻液。

经过 30 多年无故障运行，这套系统已经赚回了好几倍的投资成本。戴夫和莎伦·凯切勒的例子生动地证明了可替代能源系统能够经得住时间的考验，在许多年后仍可以继续运行。

Chapter 4

第4章

光伏电池板的工作原理········

太阳能光伏科学研究如何将太阳能直接转化为电能。太阳光转化的电能有着广泛的用途，例如驱动水泵，点亮电灯，为电池充电，驱动电动机，为电网提供电力，以及其他许多方面，如图4-1所示。

图4-1　太阳光转化的电能有着广泛用途

在晴朗的天气里，照射在地面上的太阳能功率大约为 $1000W/m^2$。

光伏科学始于1839年，当时的法国物理学家埃德蒙德·贝克雷尔（Edmund Bequerel）发现当某些材料受到光线照射时会产生微弱的电流。在1873年，英国科学家威勒毕·史密斯（Willoughby Smith）发现硒也对光线敏感，其导电性与受到光照的强度成正比。作为史密斯研究工作的成果，查理斯·弗里茨（Charles Fritts）于1880年发明了第一块硒基太阳电池。这块电池不消耗任何物质却能够发出电能，而且不产生一点热量。直到1905年，阿尔伯特·爱因斯坦（Albert Einstein）揭示了光的本质和光伏效应的原理，从此光伏技术终于被接受为一种可行的发电途径。后来，爱因斯坦因为在此领域的贡献获得了诺贝尔奖。

世界上第一块光伏组件是贝尔实验室于 1954 年制成的，用于为远距离通信系统提供可靠的电源。科学家发现硅同样对光线敏感，在掺杂杂质后，还会产生可观的电压。这个组件称为太阳电池，其效率仅为 6%。直到 20 世纪 60 年代，美国航空航天局（NASA）将光伏（PV）系统安装在其第一颗卫星之上，光伏技术才被认可为一种严谨的技术（见图 4-2）。

作为空间计划的产物，光伏技术终于一步步走到了今天。20 世纪 70 年代出现的能源危机促使光伏技术

图 4-2　美国航空航天局在 20 世纪 60 年代将光伏系统安装在其第一颗卫星上

在空间领域之外得到了发展，成为一种正规的能源。今天，太阳能组件为世界上超过一百万个家庭提供电力。如今太阳能光伏系统市场每年增长约 17%，而系统成本比 10 年前降低了约 45%。同时，太阳能光伏组件的寿命达到了 30 年左右。

4.1　原子层面上的太阳能光伏原理

大部分光伏电池是由硅材料制成的。硅在元素周期表上排名第 14，是地球上蕴含量第二的元素。硅是重要的半导体材料，广泛用于微电子和计算机领域。作为半导体，硅的性质既像电的导体又像绝缘体。通过在半导体结构中加入少量杂质，硅的导电性会发生变化，这种工艺称为掺杂。被掺入的杂质通常为硼或磷。这些元素会永久改变分子电荷的平衡，从而增强硅材料传递电荷的能力。

太阳电池单体（见图 4-3）实际上就是一片薄薄的硅片，通过掺杂形成了电场——在掺杂硼的一面（P 型材料）出现正电荷，在掺杂磷的另一面（N 型材料）出现负电荷。

光线是由称为光子的能量粒子组成的。当光线照射在太阳电池单体上时，光子在硅片负面撞击约束松散的电子，然后这些受激的电子被太阳电池的正面所吸引。如果用导体将电池的正、负端相连，就形成了电荷的流动路径，可以用来驱动负载，如点亮灯泡。单片太阳电池单体产生的电动势约为 0.5V。这个电压并不随电池面积的不同而变化，但是电流会产生变化。根据这条原则，电池面积越大，产生的电流也就越大。

制成的太阳电池单体表面会被镀上一层增透膜，以增加对光线的吸收能力。

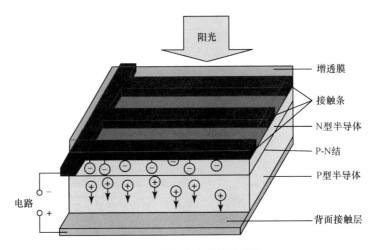

图4-3　太阳电池单体的结构

然后单体被连接成光伏组件，从而得到所需的电压和电流。电池还会被封装进组件框架内以抵御恶劣的天气。每个组件大约包含 36 ~ 40 个电池单体。因为每个单体的电压约为 0.5V，则包含 36 个单体的组件在标准测试条件（STC）下的工作电压约为 18V。该组件的额定电压为 12V。光伏面板的形状通常为方形平板，输出功率为 5 ~ 300W。一块太阳电池板通常由一个或多个组件连接而成。太阳电池阵列是一组太阳电池板通过串、并联组成，能够满足应用所需的各种电压和电流的组合形式（见图 4-4）。太阳电池阵列通常采用屋顶安装方式，也可以安装在地面支架上（见图 4-5）。

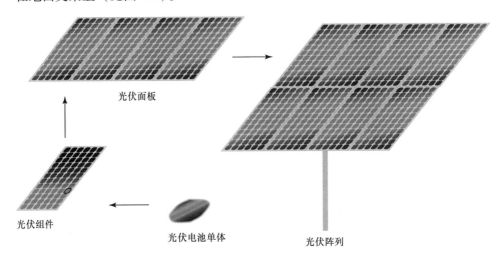

图4-4　太阳电池单体构成太阳电池阵列的过程

图 4-5　太阳电池阵列可以采取支架安装或屋顶安装

 懂得更多

太阳电池中的硅

采用硅材料制造太阳电池的一个原因是将硅原子中的电子"撞击"成自由电子所需的能量与阳光中光子产生的能量大体一致。如果阳光中光子的能量较弱，就不能够将硅中的电子变成自由电子，而如果光子能量超出释放电子所需的能量，则多余的能量会变成热量被浪费掉。

4.2　光伏效应与电气原理

为理解太阳能光伏效应及其应用，必须首先透彻地理解一些电气原理。电的最简单的形式就是流过电路的电子流。电有三要素：电压、电流和电阻。

1. 电气术语

伏特是推动电子流过电路的动力单位。在很多时候，电路就是导线。伏特的简写符号是 V，电压可以用字母 E 来表示。电压也称为电动势，记为 EMT。为更好地理解电气原理，可以用水流过花园里的水管进行类比。此时，电压代表了水管内的水压。在大多数家用和商用场合，电力公司送往建筑物的电力的电压为 120V 和 240V（在中国，单相市电的电压为 220V——译者注）。

电流大小可用安培数来表达，安培是流过电路或导线的电流的单位。安培的简写符号为 A，电流可以用字母 I 来表示，代表电流的强度。所有电路中的导线应该符合工作电流的需要。仍采用花园水管来类比，电流可以比作每分钟流过水管的水量。

电阻是物质抵抗电流的固有性质，电阻简写为 R，其单位是欧姆（Ω）。电的良导体如铜导线具有很低的电阻，而绝缘体如橡胶或玻璃的电阻则很高。电路中电阻的单位是欧姆，以德国物理学家格奥尔格·欧姆（Georg Ohm）的名字来命名。在花园水管的类比中，电阻可以比作水管的长度。水管越长，水压的下降越大。类似的，电路越长，导线的电阻越大，造成的线路电压降越大。某一段电路的电阻取决于以下三个因素：导线的长度、导线的截面积，以及材料的特性。直径较粗的导线电阻较低，因而能够承受较大的电流，于是在单位时间内可以流过其中的电子数量更多。

电压、电流和电阻的关系可由欧姆定律来描述。这条定律表明，流过导体的电流与电压成正比，与电阻成反比。如果采用如下符号：E——电压，I——安培，R——电阻，则欧姆定律可被写为 $E = IR$，$I = E/R$，$R = E/I$。

在电路定理中还有第四种计量单位。瓦特（W）是功率的单位，表明了负载消耗电能的速率。将电路中的电压乘以电流即可得到功率。电力公司为得到用户使用的电量，采用千瓦时（kW·h）作为电费账单的计费单位。千瓦时数表明了一段时间内消耗的电能数。

2. 电流的形式

在电路中存在两种形式的电流：交流电（AC）和直流电（DC）。交流电的电流方向频繁地、规律地发生逆转。它是由交流发电机产生的，其频率单位是赫兹（Hz）。频率即 1s 内的周期数，美国额定电力频率是 60Hz。因为通过变压器可以改变交流电压，因此交流电很适合远距离输电应用。交流电路中可以使用电容器和电感器，它们在电气领域中有着广泛的用途。

直流电是电流方向固定不变的电流。它是电子持续不断地从负极（−）向正极（＋）的运动形式。典型的直流电源是具有正、负极端子的电池。这些端子有明确的正、负定义，而电流在端子之间的流动方向是固定不变的。

有一点很重要，就是光伏组件只能产生直流电，并且可以用电池将电能贮存起来。为了将光伏组件发出的直流电转变为交流电，必须在电路中使用逆变器。

4.3 光伏电路

电路的定义是电子从电压源通过导体和负载持续流动直至返回电压源的路径。一个电压源的例子就是电池，导体可以是导线，负载可以是电动机或灯泡。

电路中通常含有开关，用来接通或阻断电流以控制负载。当开关断开时，电路呈现开路状态。当开关接通时，电路为闭合状态（见图4-6）。

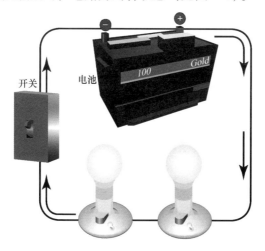

图4-6 一个简单的直流电路

电路中的开关可以有许多种形式。继电器和接触器都属于开关器件，开关可以手动控制，也可以由温度、压力或时间来控制。

1. 电源的串联与并联

光伏电路通常有三种连接形式，可以用来连接光伏组件或贮存电能的电池组。这三种连接形式是：串联、并联和串-并联。

电源的串联电路，例如光伏组件串联电路，是将一个组件的正极与另一个组件的负极相连（见图4-7）。当电源以这种形式连接时，施加到负载上的电压会增加，而进入负载的电流并不会改变。例如，当两个12V的组件或电池串联时，会输出24V的电压。如果每个组件或电池的额定电流是3A，那么总电路的额定值是24V、3A。

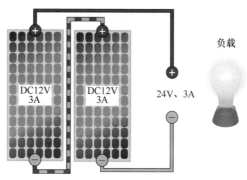

图4-7 电源的串联

记住，串联电源电路的输出电压会累加，而电流保持不变。

在并联电路中，第一个器件的正极连接到另一个器件的正极。同样，第一个器件的负极连接到另一个器件的负极（见图4-8）。

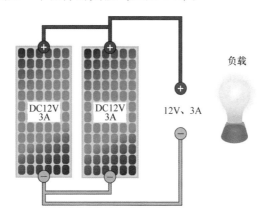

图4-8　电源的并联

并联电源电路的输出电压和电流的变化与串联电路完全相反。在并联电路中，电流会累加而电压保持不变。例如，当两个12V、3A的太阳能组件并联时，输出至负载的电力参数为12V、6A。如果是两块化学电池并联，也会有同样的结果。记住，并联电路中电流会累加而电压保持不变。

太阳能光伏系统还会同时采用串联与并联电路来获得负载所需的电压和电流。这种连接形式称为串-并联。在串-并联电路中，两个或更多的串联电路被并联在一起（见图4-9）。例如，如果某个负载需要24V、6A的电源，则可以用4个12V、3A的太阳能组件进行串-并联来满足需求。

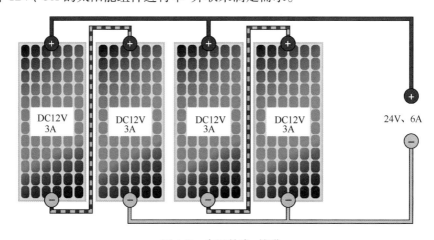

图4-9　电源的串-并联

2. 电气负载的串联和并联

到目前为止，对于线路连接方式的讨论仅限于电源装置。然而，电气负载也可以有各种不同的连接方式。当负载被串联、并联或串-并联时，会像电源一样有各种表现。

在串联的负载中，每个负载的两端都存在电压降，所以总压降等于所有负载压降之和。相反，电流等于电路中流过所有负载的电流。下面总结了串联电路的特点：

1）电流只能流过一个路径。

2）电路中各点的电流相等。

3）电路总电阻等于电路中所有电阻之和。

4）电压被电路中所有负载所分割承担。

5）电路中的任何断点都会使得流经整个电路的电流中断。

 现场小贴士

负载的串联

一般不建议将负载进行串联（见图4-10），原因有两条：

1）有些负载，如电动机，可能会因为负载两端的压降而损坏。

2）如果一个负载发生故障（如灯泡烧坏），电路会开路，则电路中的所有负载都会断电。

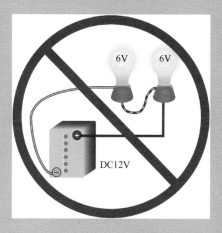

图4-10　负载的串联

注：不建议在实际应用中采用这种连接方式。

在实际应用中通常将负载进行并联，这主要是因为此时每个负载的压降都等于电源电压（见图 4-11）。而电流会随着电路中负载的增加而增加。因此，在向已有电路中增加负载时，应注意导线的规格，并采用熔体进行保护。

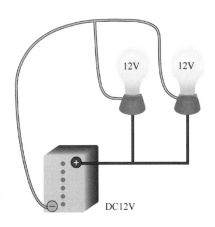

以下两点是电路负载通常采用并联形式的原因：

1）在并联电路中，每个负载可以被单独控制。

2）负载数量的增加不会影响工作电压。

图 4-11　负载的并联

下面总结了并联电路的特点：

1）电流可以流过多个路径。

2）每个支路不会受到其他支路的影响。

3）所有支路的供电电压相等。

4）电流被电路中所有支路所分割承担。

5）当支路数量增加时，电路的总电阻减小。

<h2>4.4　光伏器件</h2>

在了解了光伏组件的工作原理以及与各自电路的关系之后，就应该了解外围器件与光伏系统的相互作用，这是系统正常工作所不可或缺的。这些器件包括：电池组、控制器、逆变器。

1. 蓄电池组

在光伏系统中采用蓄电池组的目的是为了在没有阳光直射的时候提供电力（见图 4-12）。蓄电池组储存的能量可以在夜间或阴天供用户使用。蓄电池储能系统能够在光伏系统的发电量很少的时候持续提供能量，此时阳光很微弱甚至根本没有。

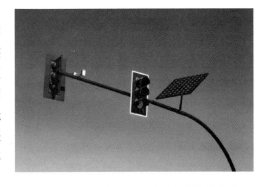

图 4-12　交通信号灯可以采用太阳能供电

有一些太阳能系统不需要蓄电池组，例如公路信号装置、温室换气扇，以及某些水泵系统等。其中，有些系统只需要在白天日照时间工作，另一些则在昼夜工作。与电网相连的光伏系统也不总是需要蓄电池组，但是在某些情况下电池组可以用作应急能源。

用于光伏系统的蓄电池类型与其他用途的蓄电池不太一样。大多数电池，例如汽车电池，仅仅需要在短时间内输出大电流，然后由交流发电机充电，这样可以具有较长的寿命。太阳能系统中的蓄电池组是深循环电池组，与汽车电池相比，能够在较长时间内输出较小的电流。

太阳能光伏系统常用的两种深循环蓄电池是铅酸电池和碱性电池。铅酸电池（见图4-13）又可以被分为两类：补液排气式铅酸电池和密封式铅酸（VRLA，阀控铅酸）电池。

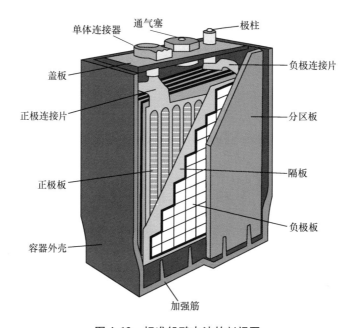

图 4-13　标准铅酸电池的剖视图

补液排气式铅酸电池内部有正极板和负极板，浸没在硫酸和水组成的电解溶液中。它们与汽车用电池非常相似。当电池排放废气时，电解液中的水会有少量丧失，因此需要定期补充。与汽车用电池类似，补液排气式电池的输出功率会受到低温环境的影响而下降。反之，较高的环境温度则会缩短电池的使用寿命。

密封式铅酸电池无须排气，因此也无须补充电解液。然而，它们也有排气阀，用于在压力过高时进行气体泄放，因此称为阀控铅酸电池（VRLA）。应当注意，密封电池必须采用较小的电流速率进行充电，以防止产生过量的气体破坏电池单体。

碱性电池也被分为两类：镍-镉电池和镍-铁电池。

镍-镉电池（见图4-14）与镍-铁电池都含有浸没在电解液中的正、负极板。

然而这种电解液是氢氧化钠溶液。铅酸电池与碱性电池的性能差别并不像它们的价格差别那样大。碱性电池价格较高，但寿命更长，可以被彻底放电却不会有负面影响，而铅酸电池的放电深度不能超过50%，否则就会缩短使用寿命。由于以上原因，碱性电池通常仅被用于商业或工业用途。

电池容量用安时（A·h，安培小时）数来表示。电池的容量要满足指定负载的功率需求，还要考虑紧急状况下电池储能所能够支撑的天数。大多数制造商采用A·h来标注其电池的容量，例如，一个容量为50A·h的电池在彻底放电之前，能够以1A

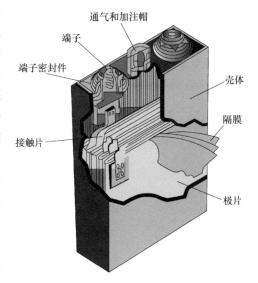

图4-14　标准镍-镉电池的剖视图

的电流放电50h。如果需要更大的电池放电电流，可以将更多的电池组与其并联。例如，两个12V、50A·h的电池组并联后能够以12V电压输出100A·h的电能。

 技术小贴士

控制器的使用

　　铅酸电池在使用中必须采用控制器，以防止过度充电和过度放电。这些控制器可以监视电池的电压。当电池进行充电或放电时，电压会升高或降低。过度充电会导致电解液的损耗，从而缩短电池的寿命。

2. 光伏控制器

光伏系统需要一些控制设备以防止电池组被太阳电池板过充电。在这方面，光伏控制器扮演了稳压器的角色。控制器另一种作用则是防止电池组被负载过放电。无论哪种情况，光伏控制器的主要功能都是延长电池组的寿命。光伏控制器持续监测电池的电压，当电压达到预定水平时就减少或切断充电或放电电流（见图4-15）。

控制器可以用承受的电流来标注规格。美国国家电气规范要求控制器能够在一定的时间内经受住25%的过电流考验。这使得控制器在强烈阳光造成的过电流现象之后能够安然无恙。光伏控制器还可以阻止夜间的电流逆向流动现象。如果有小电流逆向流过光伏组件，就会造成电池组放电。

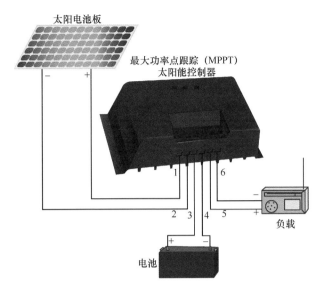

图 4-15 光伏控制器持续监测电池的电压

目前市场上有四种光伏控制器：并联控制器、单级串联控制器、分流控制器和脉宽调制（PWM）控制器。

1）并联控制器用于小型系统，在电池充满电后，控制器将光伏组件短路或"分流"，来防止电池过充电。并联控制器会监控电池的电压，当达到预定充满值时，将来自太阳电池板的电流切至一个功率晶体管。这个晶体管的作用类似一个电阻器，能够将来自太阳阵列的多余电流转化为热量。并联控制器结构简单，价格便宜。它们通常具有密闭外形，但必须安装在开放空间以利用对流来散热。

2）单级串联控制器能够在电池电压达到预定值时断开太阳能阵列，这个预定值称为充电终止点（CTSP），这样就防止了电池的过充电。当电池电压下降到称为恢复充电点（CRSP）的另一个预设值时，控制器会接通太阳电池板与电池的线路。与并联控制器相似，单级控制器采用继电器来断开电池与阵列的线路，用以防止夜间可能出现的逆向电流。这种控制器体积小、价格低，但是却比并联控制器有着更大的负载调控能力。而且，它们对散热的要求不高。

3）分流控制器能够自动将多余的电流分流至电阻负载以调整充电电流。当电池组充满后，电阻负载会消耗来自阵列的能量，以阻止电流流向电池组。这类控制器的特殊之处在于，它们可以用于交流能源如风电或水电，甚至可以用于不同系统组成的混合系统。和并联控制器类似，分流控制器需要通风散热，然而却没有防止夜间逆向电流泄漏的功能。

4）脉宽调制（PWM）控制器是在家用场合应用最为广泛的控制器。该控制器能够在电池充电达到预定值时切断充电电流，其方法是在电池电压升高时逐渐减少充电脉冲宽度。多数 PWM 控制器可以通过一个内置功能来防止夜间逆向电流泄漏。

除了上述特点之外，光伏控制器还有如下特点：过放电保护、负载管理、监控指示灯、系统性能测量，以及用来自动调整充电电压的温度补偿传感器等（见图 4-16）。

图 4-16　光伏控制器

SOLAR CONTROLLER—太阳能控制器　CHARGE—充电

LOAD—负载　BATTERY—电池　RESET—复位

3. 光伏逆变器

太阳能光伏电池只能够发出直流电。然而，交流电才是大多数家用和商用的标准电源形式。为此，有必要将光伏系统发出的直流电转变为交流电，而这正是逆变器的"用武之地"。太阳能光伏逆变器的基本功能是将光伏系统发出的直流电转变为交流电，从而能够为交流负载供电。此外，逆变器还可用于将光伏阵列发出的电力馈送到公共电网中。在一个逆变器中，直流输入电力先被送往两个或多个功率开关晶体管，这些开关晶体管能够迅速打开和关断，在 1s 内将直流电的正、负极性切换大约 60 次。这种方法可以产生方波，以及较为粗糙的交流电波形，然后该交流电进入变压器提升电压（见图 4-17）。

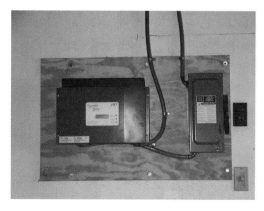

图 4-17　光伏逆变器将来自光伏阵列的直流电转换为交流电

逆变器的类型分为并网型、并网带后备电池型和独立型。前两种逆变器用于直接联入主电网的光伏系统中。独立型逆变器也称为离网型逆变器，用于独立非并网的发电系统，比较适合偏远地区的光伏发电系统。

　　逆变器还可以根据其产生的波形进行分类。三种常见的波形分别为方波、修正方波和正弦波（见图 4-18）。正弦波是用来描述和表征交流电流与电压的图形曲线。

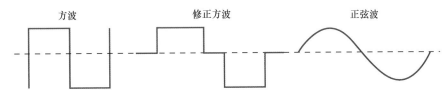

图 4-18　光伏逆变器产生的三种常见波形

　　1）方波逆变器是结构最简单的逆变器。前面说过，这类逆变器只是用开关晶体管对直流电源进行处理，然后送往变压器。它们的控制功能极为有限，对浪涌电流的抑制能力较差。方波逆变器仅用于小型阻性负载与白炽灯照明，并不能满足常见的家庭需求。

　　2）修正方波逆变器稍微复杂一些，运用了可控硅整流器将直流输入转变为交流电。在修正方波中，电流和电压会沿着波形以阶梯状从波峰变化到波谷。它们处理高压浪涌的能力有所增强，输出波形中的有害谐波失真也大大减少了。谐波失真是电路中电压和电流紊乱的结果，对会负载产生不良影响，特别是对一些精密复杂电路的影响更大。

　　3）正弦波逆变器能够提供高质量的波形，可用于敏感的电子负载，因此常用于家庭供电系统。与其他类型逆变器相比，正弦波逆变器的优点是输出波形的谐波失真很小，对高压浪涌的抵抗能力较强，能够满足敏感电子设备的需求。在光伏并网应用场合，必须采用正弦波逆变器。

　　所有逆变器都必须达到下列要求：

　　1）效率应达到 90% 或更高。

　　2）当负载没有运行时，逆变器的效率也应维持在 90% 以上水平。

　　3）在输入状况发生很大变化时，逆变器的输出频率应保持在 60Hz。

　　4）逆变器在现场应易于维修。

　　5）逆变器应具有较高的可靠性，以及较低的维护保养成本。

　　6）逆变器应具有较轻的质量并易于安装。

第5章
光伏太阳电池板的应用 ··········

当对光伏系统的基础知识有了清晰了解之后，就可以将这些知识运用到光伏系统的规模设计、安装调试及维护保养工作中。本章着重介绍实践方面的内容，还会对安装场地与负载状况进行分析，并对光伏系统的布线基础知识进行讨论。

5.1 光伏系统的配置

在第4章中曾经提到，光伏系统可分为两大类：并网型系统和独立型系统。这两类系统又包含多种配置形式。此外，光伏系统还可以与其他类型的可替代能源系统联合组成混合系统（见图5-1和图5-2）。

图5-1　太阳能系统可以与风能系统组成混合系统

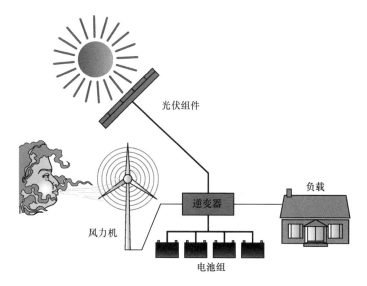

图5-2　混合系统的连接图

　　在最简单的配置形式中，一个光伏组件就可以为特定负载提供足够的直流电源，这些负载包括并用水泵、公路信号装置及空调设备（见5-3）。

　　在这类配置中，在光伏组件和电池组之间安装有充电控制器，电池组与直流负载直接相连（见图5-4）。

1. 并网型光伏系统

　　并网型系统与已有的电网并联运行。如图5-5 所示，光伏组件直接与逆变器相连，后者将来自光伏阵列的直流电转换为可用的交流电。这种经过调控的电力与公共电网的电力保持相同的电压和频率。若主电网断电，逆变器或其他隔离装置都可以自动断开光伏

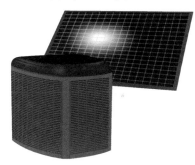

图5-3　太阳电池板可以
用于驱动空调器

系统与电网的连接。这种断电装置对电力工人的安全至关重要，因为在电网维修期间，如果太阳能电力突然接入线路，会给作业工人带来致命的伤害。光伏系统发出的电力既可以送往附近建筑物内的负载，也可以在超出现场电力需要时馈送至主电网。

　　很多建筑物的业主采取这种光伏发电形式，以便利用净计量政策获利。通过净计量，业主可以获得太阳能发电带来的全部价值。光伏系统产生的所有多余电力都能用于减少业主的电费开销。其原理是：在光伏系统发电时，电力首先用来满足建筑物自身的负载需求，当发出的电力超出自身需求后，多余的电力会馈送至主电网。此时，电力公司安装的电能表会倒转，用户会从这些上网电力中获得收益。在计费期的末期，电力公司以批发价格收购用户净上网发电量。如果用户

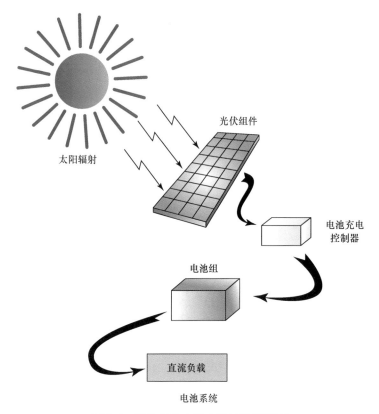

图 5-4　简单的独立型光伏系统配置图

的用电量超过光伏系统的发电量，只需支付差价即可。根据美国联邦法规（PURPA，第 210 节）的规定，地方公共事业部门必须允许独立业主或公司与公共电网相连接，而电力公司必须收购多余的电力。如果业主或公司所处的地区未批准净计量政策，那么公共事业部门需安装独立的电能表，并以批发价收购多余的电力，批发价格通常远低于零售价格。在某些州，余电收购会在下一个计费周期进行，最长会到下一年度。净计量带来的一个好处是业主和公司能够获得光伏系统带来的全部收益而不必安装电池蓄能系统。在净计量系统中，公共电网就是用户的后备系统。另一方面，如果恰好在没有日照时公共电网断电，用户就得在一段时间内面对无电可用的状况。业主有必要与当地的电力公司进行咨询和协商，明确余电回购的相关政策。目前美国实施净计量政策的州已经超过 35 个。

2. 独立型光伏系统

利用独立型光伏系统，建筑物的业主可以不依赖公共电网而生活。独立型系统的设计容量必须满足建筑物内所有交流负载的用电需求。独立型系统可以单纯依赖光伏发电，也可以与其他发电方式如风电或燃料驱动的发电机相结合（见图 5-6）。在图 5-7 所示的系统中，太阳能与风电系统结合使用。

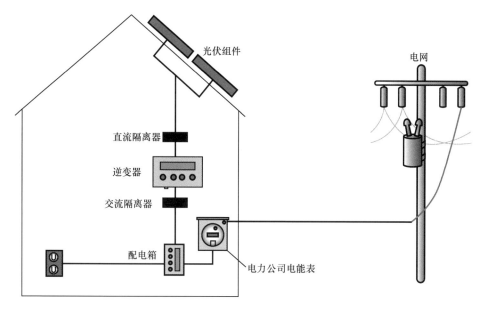

图 5-5 并网型光伏系统配置图

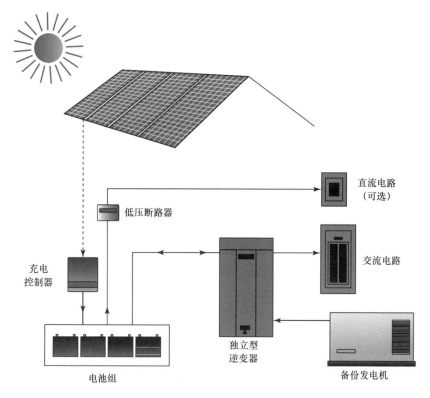

图 5-6 太阳能发电系统可以与发电机结合使用

图5-7　采用太阳能发电与风力发电相结合的住宅

在大多数独立型系统中，充电控制器将太阳能阵列与电池组连接在一起。在设计电池组的规模时，必须保证电池组的电力在无阳光的时间段内能够满足建筑物的供电需求。电力从电池组附近进入逆变器，然后通过交流配电箱进入建筑物。独立型系统能够同样利用净计量手段来获得光伏太阳能阵列的全部收益（见图5-8）。

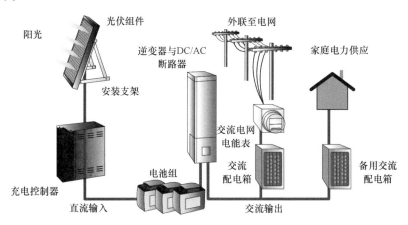

图5-8　独立型光伏系统的典型配置图

5.2　利用太阳的能量

1. 合理安装太阳能光伏阵列

为了合理安装太阳能光伏阵列，非常有必要理解地面与太阳角度的关系。理解这种关系所需的主要内容已经在第3章"太阳角度"一节中介绍过了。这些用于太阳能阵列定位定向的知识既可用于光伏发电，也可用于太阳能集热系统。

前面曾经说过，在晴朗的天气下，太阳照射在地球表面的功率密度约为$1000W/m^2$。这种能量称为太阳辐照能。在某一点，太阳辐照能的数量根据其地理位置、大气条件和太阳能阵列所受遮挡的状况而有所不同。可以利用某地区太阳辐照能的计算值作为设计太阳能阵列规模的一种工具。例如，利用某地区的最大太阳辐照能可以确定该地区的峰值日照时数。峰值日照时数相当于每天太阳辐照功率密度为$1000W/m^2$的时数。某地区的峰值日照时数为6h相当于地面接收的太阳能为$6kW \cdot h/m^2$。峰值日照时数常用于确定某地区在整个白天接收的太阳能量。从美国国家可再生能源实验室（NREL）的网站上（http：//nrel. gov）可以得到任何地区的峰值日照时数。

另一项影响某一地区太阳辐照量的因素是太阳在天空中的方位及其倾角。在北半球，太阳方位与真南方向的夹角也可称为方位角（见图5-9），表明了太阳与正南方向呈偏东或偏西的角度。真南方向与指南针指示的地磁南向略有不同。简单地说，真南就是在一年中的任一天，太阳东升西落的轨迹的中间点的方向。太阳能阵列的最佳方位是面向真南，或呈0°方位角。

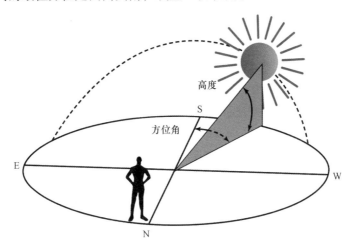

图5-9　太阳方位角与太阳高度

太阳相对地平线的倾角或距离称为太阳高度（见图5-9），用地平线之上的角度来表示。当太阳位于一天中的最高点时，称为位于正午点。由于地球绕太阳公转时具有倾角，所以这一角度或高度在全年的每一天都不一样。太阳能光伏阵列在阳光垂直照射电池表面时具有最佳的工作状态。因此，为了获得光伏系统的最佳性能，必须考虑季节交替对于太阳方位和高度的影响（见图5-10）。如果建筑的负载根据季节的变化而有所不同，则必须考虑光伏阵列的最佳倾角。

以下是一些需要遵循的法则：

1）如果建筑物的负载在全年保持不变，则阵列的倾角等于当地的纬度。

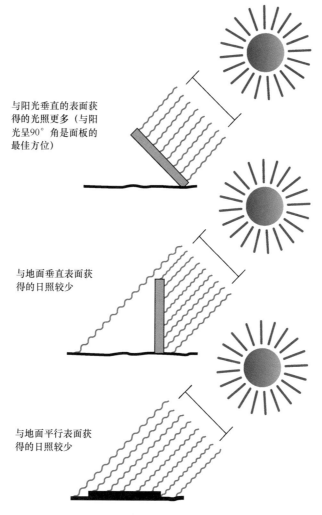

与阳光垂直的表面获
得的光照更多（与阳
光呈90°角是面板的
最佳方位）

与地面垂直表面获
得的日照较少

与地面平行表面获
得的日照较少

图 5-10　季节交替对于太阳方位和高度的影响

2）如果在冬季的负载较大，则阵列的倾角等于当地纬度加 15°。

3）如果在夏季的负载较大，则阵列的倾角等于当地纬度减 15°。

　　幸运的是，太阳在太空中的路径是可以预测的，很容易被描画出来，用于计算光伏系统的最佳性能。此外，一些采用支柱安装方式的新型光伏阵列的角度是可控的，通过连接轴的转动，可以在一年中的任何时刻面对最佳的太阳方位。NERL 网站为计算并网太阳能光伏发电系统的年发电量提供了一个出色的软件，即 PVWATTS。光伏系统的设计者可以在软件中输入系统的倾角和方位角，然后软件就会根据这些参数计算出相应的发电量。

懂得更多

地磁南与真南

如果某地的磁偏角为偏东20°，就意味着该位置的真南方向位于地磁南偏东20°。如果某个指南针指向北方时的读数为360°，则该地点的真南应该位于指南针的160°方向，而不是180°。

2. 场地分析

为保证太阳能光伏系统的安装成功，有必要收集安装地点的准确数据。如果将要安装的是独立型系统，那么数据收集工作就变得更加重要。数据收集和处理过程包括以下步骤：

1）采集太阳辐照量数据。

2）确定太阳能高峰月份。

3）确定日光入射路径。

4）识别遮挡物。

为确保太阳能光伏系统的规模满足电气负载的需求，建议首先考虑该地区的太阳辐照量。全球许多地区已经发布了可用太阳辐照量的数据，这对于光伏太阳能系统的设计很有意义。这些数据可以从气象网站如美国国家海洋和大气管理局（NOAA）、美国国家可再生能源实验室（NREL），或太阳能光伏系统制造商的网站上获得。这些信息应包括在不同倾角下及不同跟踪方式下的可用太阳辐照量。

一旦确定了当地的太阳辐照水平，下一步就是选定适当的计算月（design month）。太阳能计算月是太阳辐照水平最低的月份，同时还可能是用电负荷最大的月份。在合理确定这些月份之后，应当正确安装太阳能阵列，使其倾角能够在计算月最大限度地获得太阳辐照能量。通过上述设计，使得系统能够在最不利的条件下满足建筑物的最大用电负荷需求，并保证电池组能够充满电。

另一种方法是针对最大用电需求确定计算月。第一步就是计算建筑物每个月的用电需求，然后分别除以该月平均太阳辐照量。对应最大数值的月份就是系统的太阳能计算月。

确定日光入射路径，就是要找到一个全年日照充分的地点。一天之中受到最强烈日照的时间称为太阳时，该时间可能会因地理位置和时区的关系而与真实时间不同（见图5-11）。例如，太阳午时是太阳在天空中位于最高点的时刻，但却不一定是中午12：00。我们可以从能源机构和太阳能设备供应商处获得不同纬度地区的日照图表，帮助设计者确定该地区的太阳轨迹。在第3章"太阳角度"一节中曾提到，美国俄勒冈大学太阳观测实验室网站能够生成地球任意地点的太阳轨迹图，其网址为 http：//solardat. uoregon. edu/SunChartProgram. html。

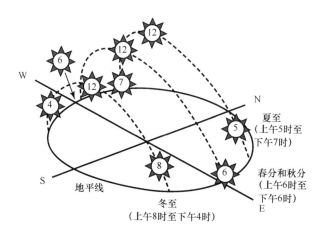

图5-11　太阳时在一年之中随季节变化而有所不同

最后，有必要使太阳电池板的安装地点避开障碍物的遮挡。即便是少量的遮挡，如树木、建筑物和山丘造成的遮挡，也会显著降低太阳电池阵列的性能。相比太阳能集热系统，在光伏发电系统的设计中降低遮挡的重要性更加突出。根据经验法则，从上午9时至下午3时，太阳电池阵列应避免受到任何遮挡。这个太阳能采集的最佳时间段称为太阳窗口（见图5-12）。

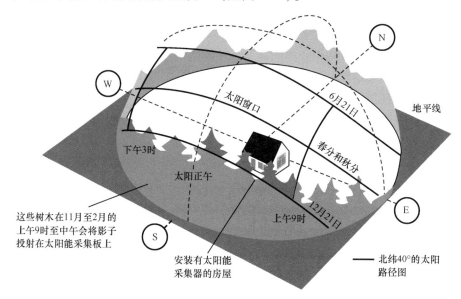

图5-12　太阳窗口

在冬季，由于太阳高度较低，影子较长，遮挡问题显得尤为突出。在第3章中介绍过一种用于确定遮挡影响的设备，叫作太阳路径检测仪。在需要进行遮挡评估的地点，把检测仪以适当的方位放置好，仪器的半球顶盖就会将附近物体投射到一个特殊图形上，从而指示出哪个方位存在遮挡状况。

 现场小贴士

消 除 遮 挡

为消除对太阳电池阵列产生的任何遮挡，需要采取一些措施。这些措施可能意味着砍伐树木或高大的灌木，以使太阳电池板受到最大程度的光照。这也许会让住宅业主或公司老板做出困难的抉择，尤其是在需要砍伐一些外形优美的树木的时候。

3. 负载分析

在设计太阳能光伏系统时，一项事关全局的重要的工作是对建筑物的电气负载需求进行分析计算。这些信息为合理确定太阳电池阵列及其附属设备的规模提供了依据。对建筑物的能耗需求进行透彻分析能够帮助我们找到节约能源的机会，从而减少电力消耗量，缩小光伏系统的规模并降低成本。

计算某个建筑物总电气负载的最简单的方法，就是制作一个月度电子表格。该表格首先列出电气设备的类型及标注的功耗（通常为功率）。大多数制造商会在设备的铭牌上标注功耗参数。如果没有功耗信息，可以将电源电压乘以设备电流得到设备功率，设备电流可以用一台标准钳式电流表（见图 5-13）进行测量。

接下来，对电气设备在一天中的运行时间进行估算。运行时间有时也被指为工作周期，是设备通电时间与全天时间的百分比。

图 5-13 钳式电流表

当一天的电力消耗量被确定之后，将该数值乘以每月的天数，得到月度总耗电量，它与前面介绍过的太阳辐照因素一起用于计算所需的太阳能光伏阵列的规模。表 5-1 所示为一张负载功耗统计表。

表 5-1 负载功耗统计表

设 备	数 量	电 压	电 流	功 率	运行时间	每天功耗	每月天数	月度耗电量

每天功耗 = 　　　　　　　　　　每月耗电量 =

其他与建筑物电气负载分析相关的因素还包括电气设备的类型。电阻加热设备如电干衣器、电热水器、电炉和电暖气不适合采用光伏系统供电。采用光伏系统驱动这些大功率电器的成本过高，尤其对于独立型光伏系统。建议采用其他类型的设备（如燃气设备）来替换此类电器。

对建筑物的照明负荷进行分析也有助于实现节能的目标。用节能灯（见图 5-14）替换常规荧光灯就是一种减轻电气负荷的有效途径。

在商用场所，可以把所有的白炽灯替换成低功耗荧光灯。此外，应对照明光源进行合理

图 5-14　节能灯

控制以缩短灯具点亮的时间，同样可以降低用电负荷。可以把传统的手动灯具开关替换为定时开关、光电感应开关或人体感应开关。

技术小贴士

选择合适的电器

电冰箱是家庭中的一个耗电大户。因为大多数家庭的日常生活离不开电冰箱，因此选择一款节能冰箱不仅能够减少每月的电费账单，还可以通过降低能源消耗量而减少太阳能光伏系统的初始建造成本。

 5.3　光伏系统的布线

光伏系统中的线缆是系统中最重要的器材之一，必须仔细了解。此外，光伏系统的布线必须遵循美国国家电气规范（NEC），尤其应符合第 690 条的要求，该条目的内容覆盖了太阳能光伏系统。NEC 690.4（E）指出，所有的电气连线，无论用于光伏系统的安装还是维修，都必须由有资质的人员进行操作。下面列出的信息参考了 2011 年美国国家电气规范。

1. 线缆类型

最常用的两种电线分别是铝线和铜线。通常铝线的价格比铜线低，然而其导电性或电流传输能力比铜线要差。此外，铝线的耐用性较差，因此不允许用于家庭室内电气接线。

常见的在售电线包括硬电线和绞合电线。绞合电线由多股较细的电线绞合而

成，比硬电线要柔软。而且，如果在剥离硬电线外部绝缘层时对芯线造成划伤，则硬电线更容易折断（见图5-15）。

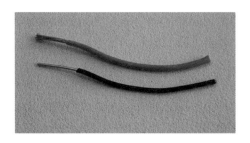

图5-15　硬导线和软绞线

包覆在芯线外部的绝缘层根据其用途的不同而有不同的形式。表5-2列出了不同类型的电线及其用途。应认真选择电线的类型和适用范围，以确保能够满足应用场合的要求。

表5-2　电线种类及用途

类型	覆　　层	最高温度	适用场所	绝　缘　层	外　层
THHN	耐高温热塑性塑料	90℃ 194℉	干燥或潮湿	阻燃耐高温热塑性塑料	尼龙护套
THW	防潮耐高温热塑性塑料	75～90℃ 167～194℉	干燥或浸湿	阻燃防潮耐高温热塑性塑料	无
THWN	防潮耐高温热塑性塑料	75℃ 167℉	干燥或浸湿	阻燃防潮耐高温热塑性塑料	尼龙护套
TW	防潮热塑性塑料	60℃ 140℉	干燥或浸湿	阻燃防潮热塑性塑料	无
UF	地下馈电线和分支电缆-单导体	60～75℃ 140～167℉	入户	防潮耐高温热塑性塑料	与绝缘层一体
USE	地下进户电缆-单导体	75℃ 167℉	入户	防潮耐高温非金属覆层	防潮

注：更详细的表格请见 NEC® 2005 中的表310.13。

在光伏系统布线中，还应注意电缆的颜色代码。颜色代码规定对于保证安装、维修和故障排查中的安全和高效具有重要意义。对于交流和直流电缆，最常见的三种颜色代码如下：

1）不接地导体：除了绿、白和灰色之外的任何颜色。

2）接地导体（零线或负线）：白色或灰色。

3）设备接地线：绿色或裸线。

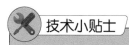

大型线缆的颜色代码

超过美国线规（AWG）4#的线缆导体通常用黑色作为颜色代码。为了区分线束中的不同导体，可以用不同颜色的电工胶布缠绕在每根电线的端头处进行标记。

2. 电缆和线管

电缆是两根或多根集成在一根绝缘护套中但彼此绝缘的导体。电缆的典型用途是低压控制线，如温控器线缆。独立导体外部的护套有着特殊的用途，如使电缆具有抗潮、抗紫外线、耐高温或耐化学侵蚀等性能。更多电缆应用方面的内容可以参考美国国家电气规范。

线管是容纳独立电线的金属或塑料管，可以为内部电线提供良好的保护。线管特别用于电线易受损坏或环境恶劣的场所。在室内可能用到电气金属管件（EMT），其具有质量轻、耐久性好和价格合理等优点。在室外，通常使用聚氯乙烯管或PVC管，尤其是在地埋施工场合。室外还常用到防水密封管，尤其是在将组件连接到分线盒的时候。请参考电气规范来确定导体的最大数量与线缆的型号，以使其能够穿过相应的线管。

3. 线缆规格选取

当为一项工程选择适当的线缆时，有两点非常重要，即载流量和压降。

1）载流量是指导体上通过电流的能力。导线越粗，通过电流的能力就越强。如果电线的粗细尺寸不够，就会出现过热现象，可能会导致绝缘层熔化甚至引发火灾。表5-3给出了导线尺寸与对应的载流量。

注意当导线铺设在线管中或集成在电缆中时，其载流量会降低。

表5-3　铜导线的载流量　　　　　　　　　　　（单位：A）

线规	在线管或电缆中的导体		在自由空气中的独立导体	
AWG	UF, THW	USE, THWN	UF, THW	USE，THWN
14	15	15	20	20
12	20	20	25	25
10	30	30	40	40
8	40	50	60	70
6	55	65	80	95

（续）

线　规	在线管或电缆中的导体		在自由空气中的独立导体	
AWG	UF，THW	USE，THWN	UF，THW	USE，THWN
4	70	85	105	125
2	95	115	140	170
1/0	125	150	195	230
2/0	145	175	225	265
3/0	165	200	260	310
4/0	195	230	300	360

注：更详细的表格见 NEC® 2005 中的表 310.16 和表 310.17。

应根据美国线规（AWG）确定线缆的规格。根据该线规，较粗规格的导线具有较小的代码数值，而较细的导线具有较大的代码数值。用于建筑物的最细的导线是 #24AWG，对于较粗的导线，在超过 #1AWG 后，加注符号"/0"，直至 #4/0AWG。

为一个电路确定线缆规格的第一步是确定电路的最大电流，然后将最大电流数乘以 125%，这样就能够使导体的载流量不超过其额定值的 80%。在确定光伏阵列与电池组或控制器之间的线缆时，要将光伏组件的短路电流乘以并联组件的个数，再将得到的数据乘以 125%（或 156%），这是因为美国国家电气规范（NEC）对光伏组件至电池组或（无电池系统中的）逆变器的连线有更高的安全系数要求。可以参考 NEC 690.8 获得更多线路规格和电流方面的内容。

2）压降是在确定线缆规格的过程中需要考虑的第二项内容。压降是线缆电阻、规格和总长度的函数。显然，更长的线缆会为电路带来更大的电阻。这个问题有时会变得很严峻，尤其是在涉及电动机时。解决这个问题的办法是根据电路的长度正确选择线缆的规格，而且尽量缩短线路的长度。标准的设计方案应将电路的压降损失控制在 2%～5%。再次提醒，利用美国国家电气规范（NEC）提供的表格，可以在选定线缆规格和电路长度的基础上计算允许压降。

4. 过电流保护

太阳能光伏系统中的每个电路都应当防止出现电流超过线缆载流量的情况。通常采用两种电路保护器件：熔体和断路器。

以上每一种器件都可以断开电路，使其开路从而终止电流。

1）熔体中有一根金属丝，其电阻比电路中的导体要大（见图 5-16 和图 5-17）。当电流超过额定值时，这根金属丝会熔断。熔体是一次性使用的器

件，在熔断之后就需要更换。导致熔体熔断的常见故障是由于布线错误、接地失败或设备故障导致的电路过载和短路。美国国家电气规范（NEC）第690.16节包含了对熔体电路的指导意见。

图5-16　插塞式熔体

图5-17　圆柱形熔体

2）断路器是电路保护装置，其作用原理类似一个开关。大多数现代电路在布线中采用断路器取代熔体进行电路保护（见图5-18）。断路器有两种电路保护类型。一种类型采用双金属片，当电流过载导致发热时就会断开电路；另一种类型采用电磁线圈，当出现瞬间大电流时会断开电路。

请注意，用于交流电路的断路器并不适用于直流电路，除非是为该用途设计的专用器件。

其他关于过电流保护方面的规则如下：

1）所有地埋导体必须采用熔体/断路器进行保护。

2）每个电源都应采用过电流保护装置。

3）如果线路的额定载流量处于两个熔体或断路器之间，则应该采用具有较大过电流参数的器件。

在图5-19中，光伏系统中的过电流保护器件的安装位置合理。

图5-18　断路器

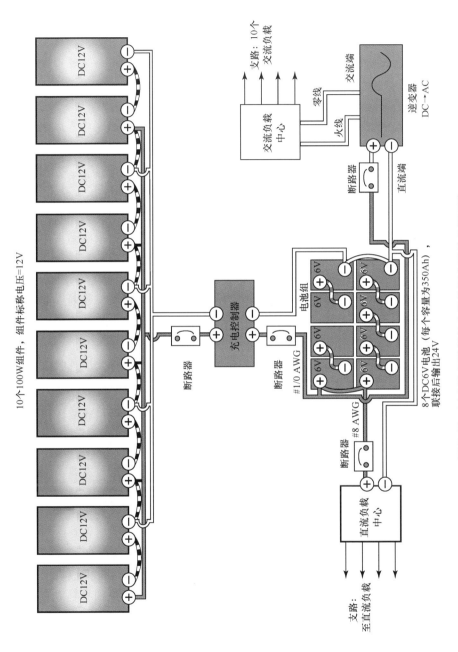

图 5-19　过电流保护器件安装位置合理的光伏系统

 懂得更多

过电流保护装置的任务

　　熔体或断路器的主要功能似乎是保护设备免遭损坏。然而，过电流保护装置的首要任务其实是防止线缆过热，从而杜绝火灾隐患。

5.4　接地装置

　　太阳能光伏系统的合理接地是圆满完成布线工作的最必要也是最复杂的步骤之一。根据美国国家电气规范的定义，接地是将设备或系统与大地或充当大地的金属导电物体相连接。

　　接地具有以下重要功能：

　　1）在设备遭受雷击或电涌冲击时，对电压进行限制。

　　2）稳定电路的内部电压，并将大地作为公共参考点提供给电路。

　　3）当电路内部发生过电流现象时，提供电流的泄放通道。

　　电流总是倾向于流经电阻最小的路径。如果没有合理的接地，人体可能就会成为电流的路径，其结果就是严重的电击，可能导致人身伤害甚至死亡。为此，美国国家电气规范要求，所有50V以上的双线太阳能光伏设备必须将一条直流载流导体接地。同时还要求直流系统的负导体在系统中的一点与大地连接，该负导体为白色导线或灰色导线。建议光伏系统中的接地点尽可能靠近光伏阵列或面板，以使设备能够更有效地避免雷电引起的冲击电压。这个过程称为系统接地。

　　此外，光伏系统还需要进行设备接地。设备接地要求所有的非载流金属部分与一条和大地相连的连续导线连接，这些部分包括所有的金属箱、插座壳体、设备底架、电器框架和光伏面板的支架等。这条接地线必须永远不被熔断、切换或遭受其他形式的中断。只要认真按照接地规范操作，交流和直流电路都可以被正确接地。

　　大多数光伏系统采用最细为#6AWG裸铜线从系统连接到接地棒，接地棒也称为接地电极，是一根铁棒或钢棒，其粗细至少为5/8in，而且被打入地下至少8ft（1ft＝0.3048m）深。图5-20和图5-21展示的例子分别是独立型和并网型太阳能光伏系统的正确接地方法。在对太阳能光伏系统进行连线作业时，应始终遵循美国国家电气规范的要求，或在操作前向有资质的电气技师进行咨询。

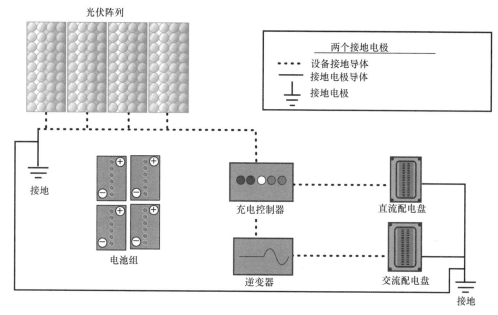

图 5-20　独立型光伏系统的正确接地方式

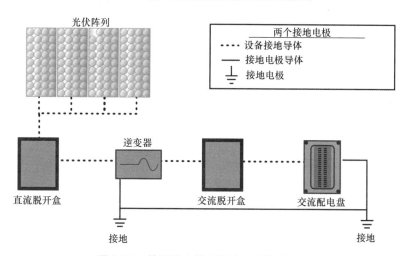

图 5-21　并网型光伏系统的正确接地方式

5.5　光伏系统的安装

光伏系统的安装工作包括下列步骤：

1）地点评估。

2）安装光伏组件。

3）安装电池、控制器和逆变器。

4）系统线路连接。

1. 场地评估

场地评估是非常重要的一步，因为每个地点都会对安装工作有着独特的要求。安装人员应首先对场地进行检视以确定下列事项：光伏系统是否能够接收到足够的光照以保证其高效运作，光伏阵列是否采用屋顶安装，屋顶的结构是否牢固，建筑的电气负荷，原有配电箱的位置，以及系统是独立型还是并网型。

设计和安装人员在工作现场的必备工具包括：纸张和铅笔、卷尺、数码相机、倾斜计（用来测量屋顶的坡度）及手电筒。详尽的场地分析和评估能够帮助设计者确定何种类型和多大规模的设备能够最好地满足用户的需求。

2. 安装光伏组件

当系统设计工作结束、各类设备确定之后，安装人员必须确定组件安装的最佳方式。光伏组件的安装方式包括：屋顶安装、柱杆安装、地面安装和跟踪安装。

1）采用屋顶安装太阳能阵列时有多种不同的工艺，包括直接将组件安装在屋顶（见图 5-22）。正如在第 3 章"太阳能面板的安装"一节中所讨论的，采用这种安装方式时应注意几个问题：屋顶的结构强度足够支撑组件，将支架直接安装在桁架或椽子上，以及确保屋顶的密封和排水性能以防止漏水。在屋顶直接安装组件时，还要考虑空气流通问题。屋顶直接安装方式有时会影响光伏组件下方的通风，这可能导致较高的设备运行温度，从而减少光伏阵列的输出功率。

为避免出现上述情况，并使组件更易于维护，安装人员可能会选择安装托架（见图 5-23）。一些托架安装系统是可调的，因此可以对光伏电池板进行调整以获得最佳的日照。如果要将光伏组件安装在托架上，使其与太阳保持适当的角度，请务必在确定安装硬件的结构强度时考虑大风的影响。

图 5-22　直接安装在屋顶的
太阳能光伏阵列

图 5-23　在屋顶安装太阳能
阵列需要用到托架

2）柱杆安装式光伏阵列被直接安装在垂直柱杆的顶端，柱杆被固定安装在地面上（见图 5-24）。如果不选择屋顶安装，或许可以考虑柱杆安装方式。这种方式使得操作人员可以根据季节的变换调整阵列的角度，从而保证最佳的日照效果。柱杆的尺寸和强度由现场条件决定，必须能够经得住严酷气象条件的考验。大多数太阳能设备供应商可以根据实际使用条件确定柱杆的尺寸和强度。

3）在地面安装系统中，要先将框架和支架系统结合起来，再安装到牢固的地面基座上（见图 5-25）。在这种方案中，地面安装基座必须与大地牢固连接从而提供更好的支撑。这种方案同样可以通过对阵列方位进行季节性调整而获得最佳日照效果。对于地面安装系统，必须评估安装地点的土地条件，确保其有足够的支撑能力来承载光伏阵列和各类安装硬件的重量。在现场组装的标准支撑结构包括 4 组件、8 组件和 12 组件的规格。

图 5-24　采用柱杆式安装的
太阳能光伏阵列

4）跟踪式太阳能阵列在柱杆安装的基础上提供了更多功能（见图 5-26）。这种设备可利用光伏面板自身发出的电力驱动电动机来转动阵列，使其准确跟踪太阳在天空中的轨迹。单轴跟踪系统可以跟踪太阳的方位角，而双轴跟踪系统则能够跟踪太阳方位角和高度角，从而获得阵列的最佳性能和最大输出功率。跟踪式太阳能阵列需要更加坚固的基座以支撑增加的重量，通常需要直径为 4~6in 的混凝土支撑基座。跟踪系统的发电效率通常比常规固定式阵列高 25%~30%，但是成本也要高出许多。

图 5-25　采用地面安装的太阳能光伏阵列

图 5-26　带有跟踪功能的太阳能光伏阵列

 技术小贴士

太阳能跟踪系统

对于夏季用电负荷较大的系统，最适合采用柱杆式太阳能跟踪系统，因为该系统能够充分利用较长的白昼时间增加发电量，从而提高系统采集能量的能力。

3. 电池和逆变器的安装

电池的安装过程并不复杂，根据接线方案将电池的接线端子进行串联或并联即可。电池方面的重点问题是对电池的操作和贮存。在安装之前的运输和充电过程中，电池必须受到全时保护。当对电池进行预充电时，应注意不要过充，并将其远离明火。因为在充电过程中电池的排气口可能会排出氢气，遇到明火会产生爆燃。

必须将电池组安装在安全的场所，使其避免不良环境的影响，同时还要利于维护保养。通常应将其安装在具有良好的耐蚀性和绝缘性的电池箱中。其他需要注意的项目包括：

1）防止电池处于冰点之下的温度。

2）注意通风，避免爆燃气体的聚积。

3）锁好电池箱，避免失窃，但要易于日常操作。

4）确保电池箱具有耐蚀性。

5）确保电池安装处的基座足够结实，能够承受电池的重量。

逆变器和充电控制器必须依照制造商的说明书进行安装。为确保安装正确，请遵循以下原则：

1）设备应避免沾染尘土和污垢，防止过热和粗率的处理。这类设备通常含有固态电子器件和线路，容易受到污染物和静电的影响。

2）设备的安装位置应合理，易于操作人员进行维修，且不会对其他设备造成影响。

3）安装时注意选用正确的线缆规格和端子紧固件。

4）在电池与逆变器之间，或充电控制器与逆变器之间使用合适的过电流保护和安全断路装置。

 现场小贴士

电池的操作处理

电池必须防止过高的温度，避免被腐蚀、短路，以及受到掉落物体的撞击，并防止失窃。应将电池远离儿童。为避免爆炸，电池周围不应出现火花和明火。当对电池进行操作时应始终做到安全第一。

4. 系统线路连接

当系统的主要部件安装完毕之后，就需要用线缆将它们连接到一起。对太阳能光伏系统的大部分正确连线要求已经在本章前面进行了讨论。然而为了使系统的连接获得成功，还应遵循一些基本的操作规定，包括正确使用电气连接器、接线盒、电缆、断路器、开关和插座等。

电气连接器用于线缆到线缆或线缆到端子的连接（见图5-27）。线缆之间的连接通常使用接线螺母、对接连接器和压接连接器。当进行此类连接时，应确保将线缆绝缘层剥下适当的长度，然后用连接器将导体牢固连接。在很多时候，令人烦恼的故障维修工作是由于线缆连接不牢固带来的。

　　所有的电气连接点必须位于易于操作的电气接线盒中。该接线盒必须十分安全，有一个可打开的盖子。如果接线端子位于室外，根据美国国家电气规范，必须采用防风雨接线盒，通常用 PVC 材料制成。

　　在连接电缆时，应确保电缆中的所有独立导线都被牢固连接。如果在接线箱中

图 5-27　在安装中用到的
各种电气连接器

还有空间，最好使用一个接线板，这样可使电缆的连接更容易也更牢固，还使得项目看上去整洁而专业。

　　前面曾经提到，美国国家电气规范要求每个电源都有各自的断路器。作为额外的措施，有些断路器还采用了熔体进行过电流保护。断路器必须满足电路额定电压和电流要求，还要符合交流或直流的需求。

　　应当使用开关对电路中的电流进行通断控制，开关还可用于系统维修和过载保护。开关参数应当满足重度负荷的要求，如果需要，还应能够在室外使用。它们应被安装在受控设备附近，方便进行操作。

　　插座通常被安装在设备附近作为"便捷输出口"。如果在室外进行维修操作，无论在屋顶还是在较远的安装位置，插座都十分有用。插座必须符合交流或直流电的额定功率要求。便捷插座盒能够供维修技师连接电动工具和故障指示灯的电源。请记住，室外插座必须安装在防风雨保护盒中，并带有接地故障断路器（GFCI）（见图 5-28）。

图 5-28　带有接地故障断路器
（GFCI）的插座

5.6　系统的连接——小结

　　以下是太阳能光伏系统规划和安装的步骤：

1）进行场地分析。

2）计算建筑物的电气负荷。

3）决定安装独立型还是并网型系统。

4）确定太阳能阵列的规模并进行安装。

5）确定电池组的规模并进行安装。

6）安装充电控制器。

7）确定逆变器的功率并进行安装。

8）进行系统电路接线，对于并网型系统，将其与电网连接。

5.7 光伏系统的维护

令人惊讶的是，太阳能光伏系统所需的维护工作非常少。为了使光伏系统保持最佳工作状态，下面列出了一些典型维护项目。每年至少进行两次维护检查工作。检查的最佳时间是在晴天的中午时分。

1）光伏阵列：观测组件的运行状况；检查系统衰减老化的征兆，例如面板颜色改变、透光层模糊或漏水；拧紧支架和夹具上松动的螺钉（见图5-29）。

将组件下面松动的接线连接好，确信线缆没有受到动物的侵害。更换损坏的电缆。确保屋顶穿孔结实牢固，排水顺畅，无漏水（见图5-30）。

图5-29 对太阳能阵列进行维护保养时应确保所有硬件连接牢固

图5-30 对太阳能阵列进行维护保养时检查屋顶是否漏水

移除光伏阵列附近的遮挡物，清洁组件玻璃上面的积垢和脏物（见图5-31）。

2）电池：如果系统包含电池组，那么这里也许是系统预防性例行维护工作耗时最长的地方。首先应该检查电池的电量，这可以用一块标准的万用表进行测量。记住在检查电量之前先让系统带载运行数分钟，这将使电压保持稳定，并去除表面电荷对精度的影响。在测量电压之前，断开电池与光伏阵列的连接端子。

排气式液体铅酸电池需要的维护工作量最多，因为它们需要定期补充蒸馏水。这是因为在排放氢气的过程中会出现水分的损耗。对这类电池还需要检查荷电状态，可以利用液体比重计进行此项工作。比重计类似检查汽车防冻液性能的装置（见图 5-32）。

图 5-31　在维护保养时应
去除所有的遮挡物

图 5-32　用来检测铅酸电池中
电解液的液体比重计

　　比重计的玻璃浮子经过校正，可以读取电池电解液的比重值。根据预先校正量，当环境温度为 $80°F$ 左右时，这类设备可以给出准确读数。如果温度高于或低于该设定值，则需要用到适用于大多数比重计的校正系数表。对于某些新电池，需要进行若干次充放电循环后，才能用比重计测量出准确的读数。

　　3）逆变器：采用电压表和电流表在设备直流端对工作输入电压进行测量并记录，还要测量交流电流和输出电压。如果逆变器上有发光二极管（LED）指示灯，应通过灯光确认工作状态正常。如果逆变器能够显示千瓦时数，应检查该数值，确保在上次升级保养之后的指示正确无误。

　　4）电气部件：打开所有的接线盒，检查接线是否牢固（见图 5-33）。断开所有的开关，用欧姆表检查线路接地是否正确。如果欧姆表的读数大于 25Ω，则意味着接地线路出现腐蚀或接触不良。将所有可能的问题定位并进行整改。对每一个断开的电路部分进行接地状态的检查，研究出现的问题并进行维修。最后，接通系统电源，观察启动过

图 5-33　在维护保养时检查所有接线盒
中的电气连接状况

程是否正常。检查交流和直流电压与电流是否正常。

 现场小贴士

蓄电池与蒸馏水

当向排气式液体铅酸电池中补充水分时，请务必使用蒸馏水。不要使用矿物质水、泉水或自来水，因为这些水中的杂质和矿物质会降低电池的性能。

案例研究：太阳能光伏系统

在本章讨论结束之时，对密歇根州最大的太阳能项目，即位于托雷森·马林（Torresen Marine）的光伏工程进行介绍。这个耗资 74 万美元的系统是位于印第安纳州南本德市的名为 Inovateus Solar 的太阳能设备供应商，和位于伊利诺伊州芝加哥市名为 Chart House Energy 的可再生能源独立发电设备生产商的合作项目（见图 5-34）。

该光伏系统由 750 块面板组成，每块面板的额定功率为 200W，总输出功率为 150kW，年发电量大约为 189000kW·h。光伏组件的电气控制箱如图 5-35 所示。按照目前密歇根州的电价，系统每年发电量的价值为 85000 美元。这些电力可抵消托雷森·马林地区 30% 的耗电量，能够为马斯基根市的 20 个家庭提供充足的电力。

图 5-34　光伏面板的安装

图 5-35　光伏组件的电气控制箱

这些光伏面板安装在托雷森地区帆船贮存库房的顶部，面积为 28000ft^2。

托雷森曾经是密歇根州第一个达到清洁商业标准认证的码头。Chart House Energy 公司董事长罗伯特·拉夫森说："他们将报废的船只发动机进行循环利用，包括所有的铝和不锈钢废料。他们采用环境友好的模式运营自己的公司，使其成为太阳能能源的绝佳范例。"

第 2 篇

风能：向新型可替代能源扬帆起航

第6章

风 能 概 论

6.1　风能简史

　　长久以来，风被证明是一种免费、清洁、取之不尽的能源。许多世纪以来，人们用风力驱动帆船，许多国家则依靠其航海技术走向繁荣。自早期对北美大平原的征服之后，风也成为美国人的重要工具。通过将风中蕴含的动能转变为机械能，早期的美国定居者们掌握了风的多种用途。例如，早期的美国农场和牧场利用风车从井中汲水（见图 6-1），这些井水被用于牲畜饮用和灌溉。

　　风车还被磨坊用于碾磨谷物。事实上，荷兰人在 1439 年建造了世界上第一台谷物碾磨风车。到 1600 年，最常见的风力机就是风力塔磨。英语风车一词"windmill"中的"mill"就是指谷物的碾磨粉碎，正是因为风力碾磨机太常见了，所以人们就把风力机称为"windmill"。荷兰是最早建造和改进风车的国家。荷兰人所居住国土的大部是原先的湖底，从 16 世纪开始，他们利用风车将残余的湖水抽走，从而保持土地的干燥（见图 6-2）。

图 6-1　早期的美国风车

图 6-2　荷兰的典型风车

16 世纪中期移居美国的荷兰人带去了他们的风车技术。从 19 世纪 80 年代末到 20 世纪 30 年代中期，在美国运转的风车大约有 600 万台，它们被用于从井中汲水，促进了美国的西部开发。这些风车至今仍有一些运行良好。

在 20 世纪 70 年代，由于第一次石油禁运导致电价飞涨，美国开始在加利福尼亚州利用风力机发电。在那时，联邦和州制定的各项激励政策，以及由国家法定电力合同所保证的风电的公平市场价格，使加利福尼亚州的风力产业受益颇多。因此，加利福尼亚州在那一时期风电的装机容量高达 1500MW，发电量约占全州用电量的 1%，相当于全球风力发电量的 90%（见图 6-3）。

图 6-3   加利福尼亚的风力发电量在 20 世纪 70 年代增长迅速

当联邦税收激励政策于 20 世纪 80 年代到期之后，美国的风电产业发展陡然中止。而欧洲则得益于 1974 年至 1985 年期间实施的积极的可再生能源政策，成为世界风能产业的领导者。至 20 世纪 90 年代，全球产业的兴旺加之技术的进步极大促进了风能产业的发展。到 1998 年，风力机的平均单机发电量比 20 世纪 80 年代增加了 7～10 倍，而风电的价格下降了约 80%。到 2000 年，欧洲风电装机容量超过 12000MW，而美国仅为 2500MW。

如今，许多国家要求电力生产企业必须有一定比例的可再生能源发电量，因此风电产业又卷土重来。有些州（如得克萨斯州和爱荷华州）颁布了可再生能源比例标准（RPS），为风能技术的平稳发展创造了良好的环境。可再生能源比例标准为全州提供了促进可再生能源发电的机制，使得这类电力生产具有较高的性价比，符合市场基础，且有利于高效管理。该法案要求电力企业和其他电力零售商们应为消费者提供一定比例的可再生能源发电量，其目的在于刺激可再生能源发电市场和技术发展，最终增强可再生能源的经济竞争力。到 2005 年，美国在跟随德国和西班牙几十年之后，重新夺回了风能领域的世界领导者地位。这次东山再起归功于可再生能源日益增长的利润、风电技术和性能的持续发展，以及各类鼓励政策的增加。

如今的"风车"一词更多指风力涡轮发电机，因为绝大多数风力机被用来发电，就像用燃气轮机发电一样。如今风力机在可替代能源应用方面发展最为迅猛（见图6-4）。仅在2006年，美国风力机的装机容量达9000MW，发电量为260亿kW·h。形象地说，这个数字相当于平均每个居民一年消费了11000kW·h的电力。1MW的风力在去除了效率降低因素之后，相当于877kW的发电能力。因此，1MW的风力可以满足800个家庭的年用电需求。风能已成为美国最主要的新型能源。

图6-4　风电是目前发展最快的可替代能源

 懂得更多

可再生能源比例标准

可再生能源比例标准（RPS）是一项州政策，规定了电力供应商在限定日期之前应提供的可再生能源发电量的最低比例。目前，美国有24个州和哥伦比亚特区制定了RPS政策，这些地区的电力销售量超过全美总量的一半。

6.2　风力机的工作原理

空气是极易于流动的物质——这就是说，空气像水一样易于流动。事实上，空气比水的流动性更好，这就是为什么风力机能够利用空气的流体性质工作的原因。太阳对地球表面的不均匀加热形成了风，因此可以说风能是太阳能的另一种形式。

地球表面被加热导致了空气变热，当热空气上升时，周围的冷空气会流过来填补下方的空间。这种效应形成了沿地球表面流动的风（见图6-5）。

此外，不同空气之间的温差造成了气压差。空气自然地从高气压处向低气压处流动。当某一地区的气压升高时，风力也会增强。显然，风力机的发电量和效率会随着风速的增加而增加。因此，在选择风力机的安装地点时，应考虑该地区的年平均风速和持续时间是否能够满足要求。风的流动模式和当地的地形、水体，以及植被的数量和类型都有关系。

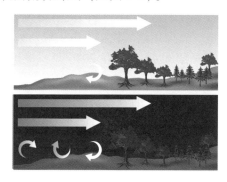

图6-5　风向受到地表和水面的影响

风力机风轮的叶片或桨片的转动源自两种力：升力和拉力。此处不对复杂的空气动力学进行讨论，因此可以将升力定义为与风向垂直的力，而拉力则是与风向平行的力。将风力机的叶片设计成机翼的形状正是为了利用这两种力。图6-6中风轮叶片的横切面采用了这种设计方案。注意，叶片类似机翼，一面是弧形，而另一面则相对平坦。这种机翼型设计在空气流过叶片时造成了叶片上部和下部的气压差。叶片上部或弧形部的气压减少，与此同时，底部的气压增大，由此产生了升力，使得飞机能够升空，而让风力机变得更有效率。

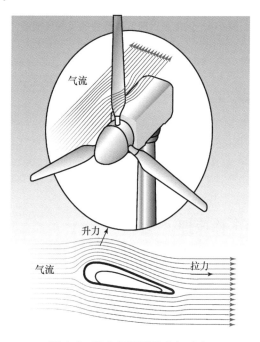

图6-6　风力机承受的空气动力

懂得更多

伯努利效应

　　飞机能上天和人们能唱歌都是基于伯努利定理。这条定理以瑞士籍荷兰数学家丹尼尔·伯努利的名字命名。该定理指出，空气速度增加会导致压力降低。最常见的例子就是机翼。机翼的形状使得流过其上部的空气速度比下部快一些，因此机翼上部受到的空气压力比下部要小，由此产生了向上的升力。

　　风力机先将风的动能转化为机械能，再转化为电能。将机械能转化为电能的过程是由发电机完成的。发电机产生的电能送往配电箱或电网。发电机与电动机的结构类似，都由转子和定子组成。它们的区别在于，电动机将电能转化为机械能，而发电机则将机械能转化为电能。磁场的感应现象产生了电压，而当导体切割磁场时就会产生这种感应现象。当导体在磁场中运动时，导体中就会形成电势差（见图6-7）。

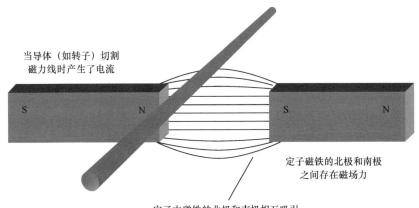

当导体（如转子）切割磁力线时产生了电流

定子磁铁的北极和南极之间存在磁场力

定子中磁铁的北极和南极相互吸引

图 6-7　磁感应产生电力的原理

　　这个电势差的大小取决于磁场的强度和导体切割磁场的速度。在发电机中，转子是导体，而定子负责产生磁场（见图6-8）。发电机本质上就是在强大磁场中高速旋转的大量铜导线。

　　前面讨论过，现代风力机采用先进的空气动力学设计，能够最大限度地捕获风能从而提高效率（见图6-9）。风首先吹在叶片上，使风轮转动。风轮驱动转轴，使发电机的转子旋转。发电机可以发出交流电（AC）或直流电（DC）。如果发出直流电，就需要用逆变器将其转换为交流电，这样做有两个原因：一是交流电更容易在低损耗的情况下通过电力线传输，二是普通家庭更多地使用交流电作为电源。风力机与家庭之间的电气连接情况会在后面的章节中进行讨论。

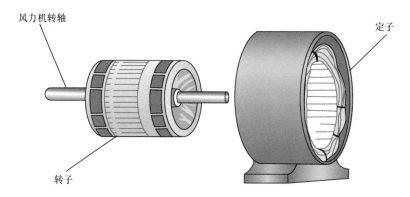

图 6-8　风力机中发电机的转子和定子（结构与电动机类似）

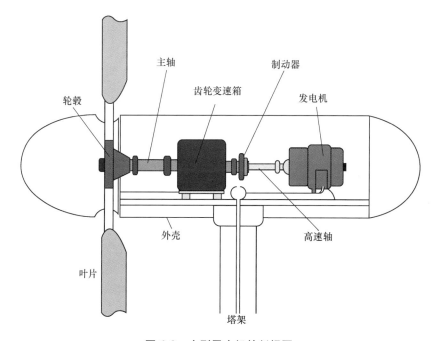

图 6-9　小型风力机的剖视图

6.3　风力机的类型

　　家用或轻型商用风力机在其测试风速下的输出功率通常为 900 ~ 10000W。它们常被安装在高度超过 30ft 的塔架上，使风力涡轮机避开附近影响气流的障碍物。叶片区域的直径为 7 ~ 25ft。如今家用或商用风力机通常采用水平轴或垂直轴配置形式。水平轴风力机有时也称为"螺旋桨"型风力机，而垂直轴风力机有时称为"打蛋器"型风力机。下面对这两种类型的风力机进行介绍。

1. 水平轴风力机

水平轴风力机（HAWT）正是大多数人在听到风力机时脑海中浮现的形象（见图6-10）。

水平轴风力机采用水平驱动模式，风轮叶片平面垂直于地面。如今大多数水平轴风力机采用3个叶片。由于这种水平配置形式，HAWT可以通过全部叶片的转动来接收风能，从而具有较高的效率。这类风力机的有些型号需要转向装置来使风力机改变方向从而对准风向。有些小型风力机采用安装在水平轴后部的风舵实现这一功能。这种导向装置类似船舵——它能够使风轮叶片的方向对准风向（见图6-11）。

图6-10 典型的水平轴风力机　　　　**图6-11 采用导向机构的水平轴风力机**

在大型商用风力机中采用了复杂的设备，例如与微处理机相连的风速计，能够使风力机对准风向从而提高发电效率。

水平轴风力机分为上风式（迎风型）和下风式（顺风型）（见图6-12）。上风式风力机的风轮面对来风，类似飞机上面的螺旋桨（见图6-13）。上风式配置的优点是可以减少塔架的影响，即减少了塔架对气流的干扰。这种配置形式的缺点是风轮必须和塔架保持足够大的距离，以避免叶片可能的撞击。同时，叶片的刚度必须足够大，以避免向塔架方向弯曲。

下风式风力机的风轮位于塔架的背面（见图6-14）。这种设计形式可以自动跟踪风向，不需要专用的偏航机构。由于没有叶片撞击塔架的危险，所以叶片可以具有一定的弹性。弹性叶片有两个优点：价格较低，在高风速时能够减轻塔架的应力。这是因为铰接式设计可以使叶片向后变形，从而减少能量捕获，达到控制转速的目的。弹性叶片的优点也可能变成缺点，即弹性振动会导致叶片出现疲劳。又因为风轮位于塔架之后，因此塔架的阻挡也是一个问题。

根据发电机的不同，水平轴风力机可分为两大类：异步（感应）发电机和同

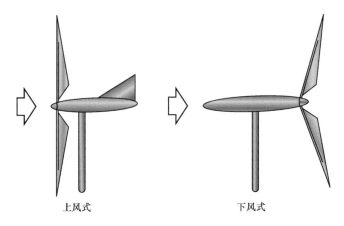

上风式　　　　　　　　　　　　下风式

图 6-12　上风式风力机与下风式风力机的区别

图 6-13　上风式水平轴风力机

图 6-14　下风式水平轴风力机

步发电机。异步发电机要求直接与电网连接。当风速增大时，风轮旋转加快的趋势会被来自电网的反作用力抵消，使得转速的微小增加带来更大的发电量。这类风力发电机的特点是叶片转速较慢，接近恒速转动，可不用逆变器而直接与电网连接。这类风力机中有齿轮箱，通常用于大型风电场。风力机中的同步发电机的转速随风速变化而变化。由于这类风力机发电的频率会发生变化，因此必须先进行整流，再通过逆变器接入电网。其风轮的转速比异步发电机高出许多，通常不需要齿轮箱。

2. 垂直轴风力机

垂直轴风力机（VAWT）因其主轴与地面垂直而得名（见图 6-15）。

这类风力机的特点是其能够始终对准风向，这意味着它们不需要额外的转向装置使其转至风向。这类风力机的一个优点是比水平轴风力机的安装高度低，因此不需要高大的塔架。另外，其发电机和齿轮箱的安装位置接近地面。由于这些优点，其安装费用较低，且占地面积（足印）较小。此外，它们比水平轴风力机的运行更加安静。然而，由于其在水平方向上往复旋转的运动方式，其旋翼存在逆风向运动，因此效率比水平轴风力机要低。有两种垂直轴风力机的变型：

一种是达里厄型风力机（见图6-16），其设计上利用了旋翼产生的升力，在1931年被法国航空工程师乔治·让·玛丽·达里厄（Georges Jean Marie Darrieus）申请了专利。如果风速恒定，达里厄型风力机的理论效率与水平轴风力机相当。然而在现实中，这类垂直轴风力机受到风速变化产生的应力影响，其效率很难达到理论值。同时，在极端风速条件下很难对达里厄型风力机进行有效保护。

图6-15　垂直轴风力机

图6-16　达里厄型风力机

另一种垂直轴风力机是萨沃纽斯型（Savonius）风力机，它应用气流的阻力发电。萨沃纽斯型风力机的运行模式类似杯状风速计，就是在气象站中常见的那种设备（见图6-17）。

该风力机中杯子的速度不可能超过风速，因此萨沃纽斯型垂直轴风力机转速较低但是转矩较大。这个特点使其并不十分适合发电，因为涡轮发电机需要达到每分钟数百转的转速来产生较高的电压。可以在萨沃纽斯型风力机中采用齿轮箱，但是由此增加的阻力需要强劲的风力来克服，才能使得叶片转动。

图6-17　萨沃纽斯型风力机

Chapter 7

第7章
家用和轻型商用风力机 ··········

随着能源价格的不断上涨，风力发电对于住宅和商用建筑的业主已经变得具有现实意义了。为住宅和轻型商用建筑采购和安装风力机可算是一个重要的决定。如今市场上有多种风力机可供选择，但在做出向风电投资的决定之前，需要回答下面的问题：

1）哪一种风力机最适合用户的需求？

2）是否有足够的风力来满足风力机的容量需求？

3）邻居或商业地区是否允许你安装高大的塔架？

4）风力机的规模是多大？

5）需要的发电量是多少？

6）安装和维护支持的状况如何？

为住宅和轻型商用建筑采购风力机时，为了做出正式的购买决定，有必要认真考虑上述所有的因素。

7.1 型号选择

为了弄清楚哪种型号的风力机最适合某个建筑或住宅，应该对以下因素进行评估：

1）风轮直径和扫掠面积。

2）塔架的最大质量。

3）切入风速。

4）额定风速。

5）额定输出功率。

6）峰值输出功率。

7）年发电量。

8）额定输出时的转速。

9）发电机的类型。

10）调节系统。

11）关闭机构。

12）内部控制。

13）质保。

表7-1列出了三种风力机的参数对比。

表7-1 三种风力机的参数对比

制 造 商	型号 A	型号 B	型号 C
风轮直径/ft	8	9	12
扫掠面积/ft²	50. 3	63. 6	113. 1
塔架最大质量/lb	75	65	175
切入风速/mph[①]	8	7	6
额定风速/mph[①]	30	22	25
额定输出功率/W	950	660	1010
峰值输出功率/W	950	710	955
月发电量（kW·h/月）风速为8mph[①]	600	800	1800
月发电量（kW·h/月）风速为9mph[①]	900	1100	2500
月发电量（kW·h/月）风速为10mph[①]	1200	1500	3200
月发电量（kW·h/月）风速为11mph[①]	1600	1800	4000
月发电量（kW·h/月）风速为12mph[①]	2000	2200	4800
月发电量（kW·h/月）风速为13mph[①]	2500	2600	5500
月发电量（kW·h/月）风速为14mph[①]	2800	3000	6500
额定输出时的转速/（r/min）	1200	550	365
发电机类型	永磁发电机	直流发电机	无刷交流发电机
调节系统	折叠收拢	角度收拢	叶片变浆距
关闭机构	动态制动	动态制动	盘式制动
内部控制	电池控制器	电池控制器	控制器与卸荷负载
质保时间	2 年	5 年	2 年

① mph 是英里/时（mile/h）的符号，1mph = 1.609km/h。

表7-1中所列参数应由风力机的制造商提供，供用户在做出购买决定时参考。下面对表7-1中的参数进行讨论。

1. 风轮直径与扫掠面积

风轮直径等于一片风轮叶片长度的两倍。应注意风力机的风轮是叶片和轮毂的组合体。这个组合体是风力机吸收风能的实质装置，叶片首先要吸收风能，然后才能将风能转化为电能。风轮越大，发电量越多。事实上，风力机的输出功率与扫掠面积成正比，即当扫掠面积加倍时风力机的输出功率也加倍。扫掠面积是叶片环绕运动的面积，其计算方法与计算圆面积相同。当对比不同风力机的输出功率时，扫掠面积是最重要的因素之一。图7-1所示为风轮直径与输出功率的关系。

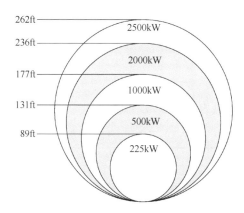

图 7-1　风轮直径与输出功率的关系

 懂得更多

计算圆面积

计算圆面积的公式为

$$A = \pi r^2$$

式中　A——面积；

r——半径。

半径是直径的一半。例如，扫掠面积的直径是 10ft，则半径为 5ft。因此，面积可表达为 $3.14 \times 5^2 ft^2 = 78.5 ft^2$。

2. 塔架高度

风力机的塔架通常是系统中最昂贵的部件，直接关系到风力机的寿命。一般来说，塔架越重，系统的寿命越长。记住，每种风力涡轮机对应的塔架高度是不同的，因此选择适当的塔架尺寸至关重要。行业的标准法则是：风轮的最低点应比距风力机 300ft 内的物体高至少 30ft。根据这条法则，塔架的典型高度为 50 ~ 150ft。最好在项目开始时对这些参数进行认真考虑，正确选择塔架，因为当风轮竖起之后就无法改变了。

3. 切入风速

该参数是风力机开始发电时的风速，也是确定某地区平均风速时的重要参考数据。当风速低于 8 ~ 10mph 时不会使风力机发出可用的电能，即便叶片已经转动。事实上，有些风力机制造商使其风力机在低于切入风速时不能转动。由于在风力机和电网之间的长距离连接电缆上存在能量损耗和压降，所以在这种低风速下可能发出的一点电能也会被这种损耗抵消。

4. 额定风速

额定风速是风力机达到其额定输出功率时的风速。这是一个非常重要的参数，下面会有例子进行说明。让我们比较两台风力机：风力机 A 在额定风速为 20mph 时的额定输出功率为 1000W，风力机 B 在额定风速为 40mph 时的额定输出功率为 1000W。注意，即使两台风力机在风速为 40mph 时都输出了峰值功率 1000W，但风力机 A 能够在风速仅为一半时就已经达到了这一输出值。利用下面的公式计算功率，就会发现风力机 B 在 20mph 风速时的输出功率仅有 125W，相当于风力机 A 功率的 1/8。从另一个角度来看，如果风速加倍，功率就会增加至原先的 800%——直至达到风力机的额定输出功率为止。

5. 额定输出功率

这个信息是制造商在设计风力机时确定的标准输出值。该参数通常为风力机正常运行而不遭受损坏的安全线。尽管风力机可能会有输出更高功率的潜力，额定输出功率与对应的控制风速已经很接近了。调速器是保护风力机、防止其在大风中转速失控的设备。

有必要将额定输出功率与额定风速进行对比。前面讲过，在较低的额定风速下实现较高的额定输出功率，能够提高风力机在不同风力条件下的发电量。最好能够将不同风力机在不同平均风速下的月发电量（kW·h）进行对比。

6. 峰值输出功率

一台风力机的峰值输出可能等于其额定输出或者更高。当风力机工作于额定风速之上时才可能达到峰值输出。此时，调速器可能正在阻止风轮由于过高的风速而损坏。尽管制造商也许会将峰值输出功率作为其市场宣传的一个卖点，用户还是应该重点了解风力机在该地区平均风速下的性能。这是因为最大风速通常仅仅在特定地区才能出现，且在一年中出现的时间很短。

 绿色小贴士

选择风力机——懂得输出功率

在选择风力机时，很有必要理解下面的公式：

$$P = \frac{1}{2}dAv^3$$

式中　P——功率（W）；

　　　d——空气密度；

　　　A——风轮扫掠面积；

　　　v——风速。

注意在上式中，风速（v）以三次方的形式出现。换句话说，风力机的输出功率与风速的立方成正比。这个事实说明"额定风速"是非常重要的参数，因为根据上式，当风速加倍时，输出功率将增长至 800%！

7. 年发电量

年发电量是风力机在某个平均风速下一年平均发电量的概略数值（单位为 kW·h）。年发电量数据用于匹配建筑物的电力需求，而且是规划风力机规模的重要工具。某一台风力机的性能可能随着安装地点的实际平均风速的变化而变化，这就是为什么在选择具有最佳效能的风力机时需要精确数据的原因。请记住，年发电量与场地有关，通常风电场的海拔从海平面到1000ft。当在更高地区安装风力机时必须进行设备调整，因为那里的空气密度会降低。前面曾经说过，我们进行计算所依据的电力消耗基数是家庭平均月耗电量为800～1000kW·h。相比之下，一个非常节能的家庭或农舍的月耗电量仅为100～500kW·h。最好在做出购买决定前向制造商或销售商进行咨询，以获得这些分类数据。

8. 额定输出时的转速（RPM）

在额定输出时的转速或叶片旋转的速度会影响到两个方面：风轮产生的噪声和风力机的使用年限。通常，较小的风轮意味着较高的叶片转速和较大的噪声水平，以及轴承磨损的加速。相反，较慢的风轮转速会减轻运动部件的磨损，最终延长风力机的使用寿命，并使其运转更加安静。较低的转速并不代表较低的输出功率，同样，较高的转速也不一定具有更大的输出。通常，风力机中的交流发电机与风轮转速进行了匹配，能够在实际风速下得到最大的输出功率。

9. 发电机类型

风力机中主要使用的三种发电机为：直流发电机、永磁（PM）交流发电机和无刷交流发电机。发电机位于风力机的机舱内，用于将风能转化为电能。其工作过程基于电磁感应原理，这一点和电动机相同。一般来说，永磁交流发电机在转子中采用了具有很多强磁极的永磁铁，这样做的目的是使得发电机能够在较低的转速下输出较高的电压。这种方法的缺点是在较宽转速范围内的调节控制更加困难。永磁交流发电机的优点是质量轻，制造成本低，且比其他类型的发电机结构简单。

无刷交流发电机的发电原理与直流发电机相同，当转子旋转时，在定子的固定线圈中产生电流。在无刷交流发电机中，将永磁铁安装在转子上而不需要电刷。这不但是一种高效的设计模式，还降低了发电机的磨损。

10. 调节系统

根据定义，调节器是在负载发生变化时保持转速稳定的设备。在风力机中应用调节器的原因有两条：首先，它能够保护风力发电机，使其发电量受到控制，从而避免将自身烧坏；第二，它能够防止风轮在大风中因转速过高而失控损坏。风力机采用的调节器主要有两种：第一种可以减少风轮向风的面积，称为折叠；另一种可以改变叶片的桨距角。

用于风力机调节的叶片折叠系统可以将风轮直接向上方、侧方或以某个角度倾斜或折叠（见图 7-2）。风轮绕枢轴的转动使其能够与风向形成夹角，从而减轻作用在叶片上的压力。尽管非常可靠，但这种类型的调节系统确实在过高的风速下减少了系统的输出功率，因为此时风轮不再完全面对风向。

叶片变桨距调节方式是通过在大风中自动将叶片的桨距角调整至非最佳空气动力角来实现的。这种调节方式通常用于大型商用风力机（见图 7-3）。

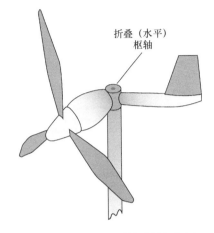

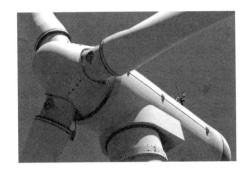

图 7-2　带有水平折叠枢轴的风力机　　图 7-3　大型商用风力机上的变桨距调节系统

这种活动叶片式调节装置的活动部件比折叠式要多，因此结构更为复杂。更多的活动部件意味着更多的维护工作和更大的故障概率。变桨距调节方式相比于叶片折叠方式的优势在于其在高风速下的输出功率较高。

11. 关闭机构

在某些时刻，例如出现过高的风速、例行维护保养期间或不需要风力机运转期间，可能有必要彻底关闭风力机，这个功能可以通过关闭机构来实现。典型的关机方法是进行动态制动或机械制动。动态制动是交流发电机独有的功能，通过将发电机的电磁铁进行电路短路，制止转子的转动，使其彻底停止。风力机的机械式或盘式制动系统与汽车的制动系统类似，利用液压系统实现制动功能，通常比动态制动系统的可靠性更高。

12. 控制系统

风力机的内部控制系统包括整流器、制动器、卸荷负载及各类仪表。在购买风力机时，这些设备应为标准配置。如果这些设备为选配，那么在计算系统总成本时不要忘记它们。此外，在估算工程的总成本时，还要考虑其他一些项目，如电池、线缆连接、起重机和吊装费用、运输费用等，当然，还有塔架费用。

13. 质保

质保反映了制造商对于产品的信心。质保项目通常包括更换存在材料和加工缺陷的部件，但一般不包括更换这些部件的人工费用。而且，质保不覆盖由于不当安装、例行保养缺失、设备滥用或不可抗力造成的故障。有时制造商还会提供收费的延长质保服务。

7.2 风能的质量

　　首先应该回答的问题是：在准备安装风力机的地区是否有充足的风能？换言之，当地是否有足够强劲且能持续一段时间的风力，以满足安装一台家用或轻型商用风力机的经济性要求？想要知道答案并不容易。风的速度及其分布会由于地形和在风路上的建筑物的状况而在区区几英里（mile，1mile = 1609.344m）的距离内出现很大差别。然而，还是有很多资料可以帮助我们确定某一地区的风能蕴含量。这些资料包括风能分布图，如图 7-4 所示。在美国，具有最高平均风速的地区是海岸线附近、山脊线和高原地区，以及大平原地区。但这并非意味着其他

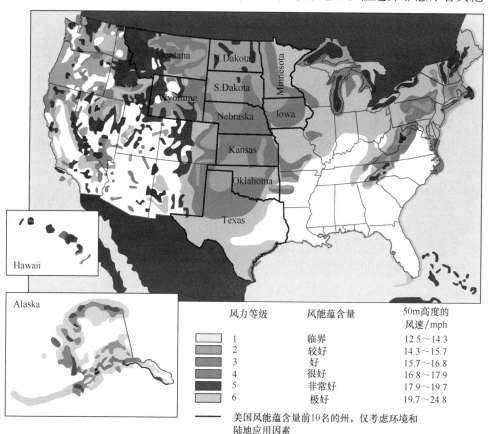

风力等级	风能蕴含量	50m高度的风速/mph
1	临界	12.5～14.3
2	较好	14.3～15.7
3	好	15.7～16.8
4	很好	16.8～17.9
5	非常好	17.9～19.7
6	极好	19.7～24.8

—— 美国风能蕴含量前10名的州，仅考虑环境和陆地应用因素

图 7-4　美国风能分布图

地区就不适合安装小型风力机。如果当地的地形是山顶、脊峰或大片空旷地区，则很可能满足安装家用或轻型商用风力机的经济性要求。详细的风力资源信息可以从美国能源部国家风力技术中心的网站上获得，也可以从当地最接近民用机场的气象中心获得。如果你打算采用附近机场的风力资源信息，请记住，当地的地形和其他因素对风力产生的影响会使其风速与机场不同，两者的差距可能比不同地区间的差距还要大。

还可以从另外的角度判定某一地区风力大小，即观察当地的植被状况，特别是长绿树木的状况。这类树木会被经年累月的风力塑造出特殊的形状，这种现象称为旗形树冠，可用来对特定地区的平均风速进行评估。图 7-5 所示为植被的旗形树冠。

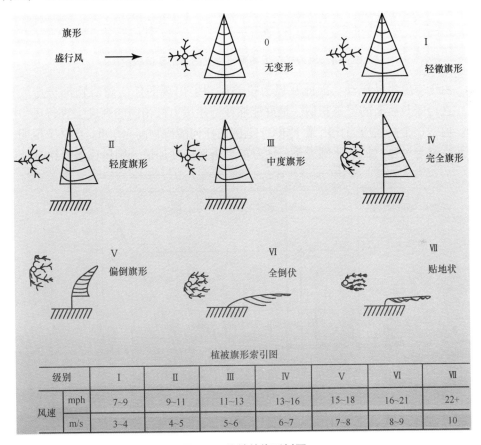

级别		Ⅰ	Ⅱ	Ⅲ	Ⅳ	Ⅴ	Ⅵ	Ⅶ
风速	mph	7~9	9~11	11~13	13~16	15~18	16~21	22+
	m/s	3~4	4~5	5~6	6~7	7~8	8~9	10

图 7-5　植被的旗形树冠

如果需要更具体的信息来判定某一地区的精确平均风速，则可以利用风力测量系统来实现。这类系统的平均价格为 600 ~ 1200 美元。

当使用风力测量设备时，应特别注意在足够的高度上开展测量工作，以避开建筑物、树木和其他障碍物形成的紊流，如图 7-6 所示。

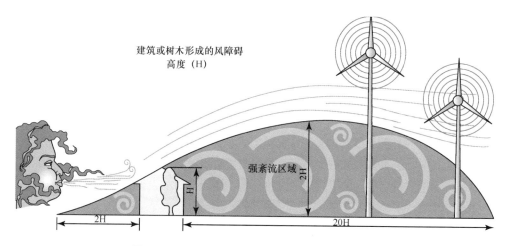

建筑或树木形成的风障碍
高度（H）

强紊流区域

2H

2H

20H

图 7-6　风力机在远离障碍物处遭遇的紊流较少

由于空气极易流动，因此在风力机的风路上出现的任何障碍物都会造成紊流，这与船只后面的尾迹相似。最好能够在待建风力机相同的高度上进行风力测量。通常这个高度应当比塔架下 300ft 范围内任何障碍物高出 30ft。图 7-7 说明了塔架高度与风速增加的比例关系。注意如果塔架高度加倍，则风速增加约 50%。

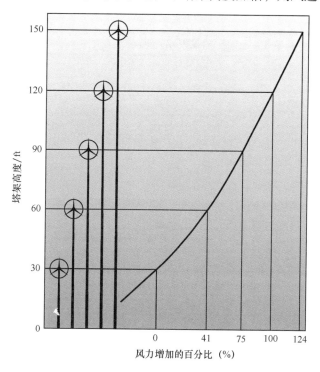

塔架高度/ft

风力增加的百分比（%）

图 7-7　风速随风力机塔架的升高而增加

最后，用户还可以从该地区安装了风力机的其他地点获得精确的风力信息。

7.3　地点选择

在做出安装家用或轻型商用风力机的决定之前，请与当地市、县或乡镇的官员就此类设施的相关许可法规进行协商。在某一地区可能存在高度限制或影响视野方面的法规，会影响风力机的安装和使用。另一个需要考虑的事项是噪声问题。尽管风力机通常发出的噪声仅有 52 ~ 55dB（相当于一台室内电冰箱的水平），但有些邻居可能会认为这种风力机发出的噪声非常烦人。

当地关于风力机安装的法规会对地点和建造许可产生影响。例如，有关避让距离的规定会影响塔架的安置地点，而具体的避让距离与塔架实际高度和叶片长度相关。此外，"落区"也会影响风力机的安装。所谓"落区"是塔架周围必须保持空白的一片区域，如果塔架在大风中倾覆，可能会对此区域内的人员和设施造成损害。显然，城区比郊区更难以满足该项要求。如果待建风力机的区域由某个公寓业主组织管理，那么该区域很有可能是该业主组织的公共区域。

还有一项应该考虑的地方法规称为"斜影闪烁"。当风力机转动的叶片位于观察者和光源（如太阳）之间时，就可能发生这种情形。当太阳的角度处于某个位置时，阳光就会透过旋转的风叶在附近的建筑物（如邻居住宅）上投下晃动的阴影。尽管大多数人对此并不在意，但风力机的主人必须明白地方法规通常要求不得妨碍邻里的"安宁享受权"。

在某些地区，管理部门可能会要求风力机业主缴纳一笔附加费用。这笔费用称为履约保证金，占到工程总造价的5%。该费用是为了保证风力机能够得到适当的保养维护，并在适当的时刻退役。

当塔架将要被拆除时，风力机就退役了。这笔附加费用通常被存入一个记账账户，如果风力机的业主不对其进行维护时，该资金能够确保市政当局进行相关维护工作。

 绿色小贴士

风力机的噪声问题

当决定购买并在某一地区安装风力机时，经常会遇到关于风力机噪声的问题。当业主在当地管理部门申办风力机建造安装许可证的时候，有时会因为附近居民对噪声问题的关切而延误许可证的发放。

大多数设计良好的风力机非常安静。通常情况下，风力机发出的噪声主要来自风的自身噪声，例如风吹过树木的沙沙声或房屋的嘎嘎声。那么什么是合理的噪声水平呢？

通常情况下，家庭中的平均本底噪声约为 50dB，而汽车驶过街道的噪声为 60dB，真空吸尘器的工作噪声为 70dB。现在让我们来看，一台 50ft 之外的小型风力机在风速为 15～35mph 时发出的噪声为 55～60dB。这是否达到令人厌恶的水平呢？这取决于厌恶风力机的人的敏感程度，或者是由于某个人觉得邻居家风力机的外观难看罢了。有些时候噪声水平取决于个人的主观感受。

 懂得更多

鸟类伤害率

有些环保组织担心风力机会对当地鸟类的生命和健康造成威胁，担心飞入风力机叶片扫掠区域的鸟类会受到伤害。而现实中，在美国导致鸟类死亡的最大危险是鸟类飞入窗户或玻璃建筑物之内。

 绿色小贴士

计算风力机的回报

以下是一个对小型家用或商用风力机进行的成本分析：

建筑物的年电力消耗量 =10000kW·h/年

1kW·h 的电价 =0.13 美元/(kW·h)

该地区的平均风速 =12mph

现决定购买一套风力机设备。在持续风速为 12mph 时，年均发电量为 12750kW·h

风力机成本 =12500 美元

根据以上数据：

首先计算年电力消耗费用：10000kW·h/年乘以 0.13 美元/(kW·h) = 1300.00 美元/年

然后将 12500 美元（风力机成本）除以 1300 美元/年 =9.615 年

回报周期 = 略少于 10 年，如果电价不变的话（如果电价上涨，该数值会变小）

以上假设风力机发电量完全抵消了电网电力。但是，大多数风力机的发电量达不到期望值，因此有必要采取 2～3 台风力机来满足离网生活对电力的需求。

7.4　容量设计

影响风力机容量的首要因素包括家庭或公司每月的用电量，以及用户是利用已有的电网作为补充，还是决定彻底离网。计算基数为家庭月平均用电量为 800~1000kW·h，大约相当于年用电量为 10000kW·h。根据当地的平均风速，输出功率为 5~15kW 的风力机就可对电力供给产生显著的影响。在另一个案例中，某个家庭的月用电量为 300kW·h，当地的平均风速为 14mph。针对这种情况，风力机的输出功率应大于 1.5kW。多数风力机的生产和销售商可以根据当地的平均风速，为用户提供正确的规模参数及年平均发电量。

7.5　与本地电网的连接

当确定了合适的风力机、安装地点和用途之后，就应当考虑将其接入建筑物和当地电网了。这项工作可以在数月内完成，具体耗时取决于连接的难度。以下是基于终端用户需求的几种并网配置方案：

1）基本型风力机并网方式。

2）带后备电池组的风力机并网方式。

3）带后备发电机的风力机并网方式。

1. 基本型风力机并网方式

这是一种将无后备电池组的风力机并入电网的最简单的形式。其基本设备为风力机和电源逆变器（见图7-8）。

逆变器是一种将直流电转化为交流电的设备（见"绿色小贴士"中的"电力知识回顾"）。风力机发出的电力，无论形式为交流还是直流，其电压、频率或电流可能都与电网的需求不符，其原因在于这些参数根据风力发电机转子的转速变化而变化。因此，有必要使用逆变器将风力机发出的电能进行"整理"，使其适合并入电网。当电力通过逆变器之后，再接入断路器配电箱，从那里被送往住宅或其他建筑物。

在风速很低的日子里，电网是为住宅或其他建筑物供电的主要电源。如果风力机发出的电力超出了用户的需求量，例如在刮大风的日子里，则多余电量会通过电能表被送入本地电网。在有些案例中，电能表会倒转，因此还会为住宅或建筑业主带来收入。在第5章中介绍过，这种模式称为净计量，可以使风力机的拥有者获得风力发电系统创造的所有价值。通过净计量，用户可以用多余的发电量冲抵电费账单。当风力机发电时，电力首先用于满足用户的自身需要。如果有多余的电力，就会被送入公共电网。此时，进行电力计量的电能表会倒转，从而使

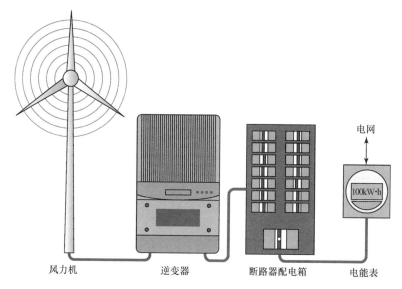

风力机　　　　　逆变器　　　断路器配电箱　　电能表

图7-8　采用逆变器的基本型并网方式

用户从送入电网的电力中获得收益。在记账周期的末尾，电力公司只对净用电量进行计量，如果用户的用电量超过风力机的发电量，则只需支付差额即可。根据美国联邦法规［共用事业管理法案（PURPA）第210节］，地方电力公司必须允许独立家庭用户或公司与公共电网连接，并且收购用户发出的多余电力。如果家庭用户或公司所在地区没有施行净计量政策，电力公司应安装独立的电能表以批发价格购买这些用户并网的电力。这些多余电力的售价往往比零售价低很多。在某些州，余电收购会在下一个计费周期进行，最多会到下一年度。自发电的业主有必要向当地电力公司进行咨询，明确余电回购的相关政策。前面提到，目前美国实施净计量政策的州已经超过35个。

2. 带后备电池组的风力机并网方式

显然，上面介绍的基本配置方案并不能满足用户在所有情况下的需求。其中的一种情形就是公共电网断电，而风力也不足以满足建筑物的用电需求的时刻。此时，用户也许就会考虑采用电池组供电了。在这种方案中，充电控制器被安装在风力机与电池组/逆变器之间，如图7-9所示。充电控制器有两个作用：首先，它能够将来自风力机的不稳定电力转变为电池组充电的能源；第二，它能够防止电池组出现过电流和过充等现象。当电池组被充满电后，风力机发出的电力将被直接送往逆变器。这种配置方案使用的逆变器比前面的基本方案（无后备电池组）中的设备更复杂，因为它要能够利用来自风力机和电池组两个方向的电力。而且，该逆变器还能够在需要时利用电网电力为电池组充电。而在基本配置方案中，风力机发出的多余电力被送入电网，使得电能表倒转。

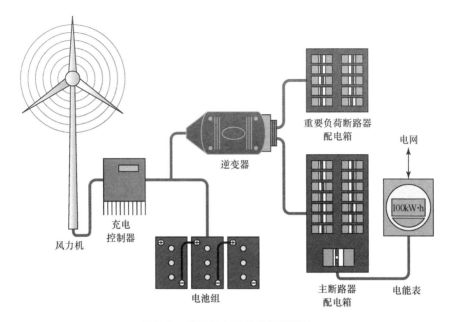

图 7-9　带后备电池组的并网系统

　　这种系统配置中还安装有一些功能器件。在逆变器中有一个切换开关，能够将电力从主断路器配电箱和电能表切换到副断路器配电箱，用于在电网断电时为重要负载单独供电。这个切换开关还用于防止用户发出的交流电在公共电网断电时并入电网。这样可以防止电力工人在电网断电期间进行作业时受到电击伤害。切换开关的另一个特点是从主断路器配电箱到副断路器配电箱的切换速度很快。切换动作快到住宅或建筑物的业主根本无法察觉。当主电网断电时，仅由风力机和后备电池组提供电力，而当电网恢复供电后，切换开关会回到其初始位置，向主断路器配电箱送入电网电力。

　　通常副断路器配电箱负责为基本负载（如采暖炉、灯具和井泵）供电。它的供电对象不包括大功率电器（如电炉、干衣器、空调等），因为这些电器的功率使风力机难以承受。此外，使风力机和电池组的规模满足这些负载也是不现实的。尽管这种配置方案需要更加复杂的设备，但其优点在于能够为重要的家庭负载提供不间断的电源，即便在主电网断电的情况下也能做到。

 绿色小贴士

电力知识回顾

　　电压：推动电子沿着电路流动的"压力"，单位为伏特（V），用字母 V 来表示（我国惯用 U 或 E 来表示，以示与电压单位 V 的区别——译者注）。

电流：沿着电路流动的电子流，单位为安培（A），用字母 I 来表示。

交流电（AC）：在电路中以一定的时间间隔变换（反向）流动方向的电子流，例如 1s 变换 60 次（即 60Hz）。

直流电（DC）：在电路中仅以一个固定方向流动的电子流，通常是从电源端流向地端。

一个电路包含三个基本要素：电压、电流和电阻。它们之间的关系可以用欧姆定律来描述，即流过某个导体的电流与电压成正比，与电阻成反比。其数学表达式为 $I = V/R$（式中，I 为电流，V 为电压，R 为电阻）。

电力可以通过发电机产生。发电机由定子（固定不动的部分）、转子（旋转部分）组成。发电机的结构与电动机相似，但是能够以电动势的形式产生电能。

 现场小贴士

保护电力作业工人

无论何种风力发电机，都必须能够在公共电网断电时断开与电网的连接。如果在这一点上出了问题，就可能对电力工人造成伤害，因为此时工人可能正在对电力线路进行维修，而风力机发出的电力如果仍然并入电网，就会对操作人员带来危害。

3. 风力机与备份发电机的连接

第三种配置方案采用了备份发电机，用于在风力机和电池组供电不足时使用（见图 7-10）。发电机的功用是在主电网长时间断电（如发生暴风雪灾害）时为电池组充电。但在必要时发电机也可以被设置成主电源，接入副断路器配电箱为关键负载供电。发电机的燃料可以是汽油、柴油、天然气或丙烷等。

因为有了发电机的辅助，所以这种配置方案可以采用小型电池组，从而节省了初期投资。请记住，外围设备如脱离开关、熔体、电源浪涌保护器和切换开关等，在这种配置方案中都是必需的。这种配置还可以有其他形式，甚至能够同太阳能面板组成一套混合系统。

4. 遵守美国国家电气规范

风力发电系统的电路连接必须遵循 2011 版美国国家电气规范（NEC）的要求。在该规范的第 5 章 "光伏系统连接" 中规定的大多数信息同样适用于小型风力发电系统的电路连接。应特别注意 NEC694.7 条，即这些系统必须由具有相关资质的人员进行安装。此外，第 694 条还规定了独立式和交互式小型风

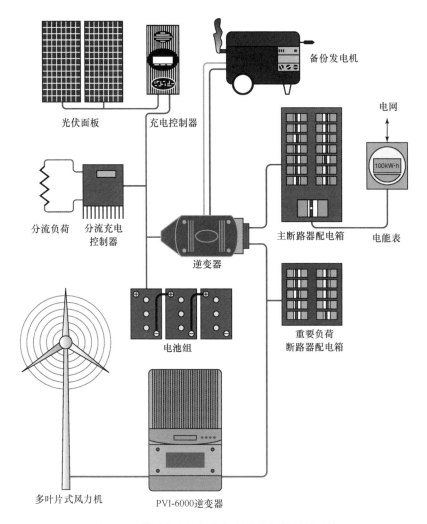

图 7-10　带后备电池组和备份发电机的并网系统

力发电系统的安装和配置事项，并对线缆尺寸型号、过电流保护、脱离途径、
接线方法、正确接地、电池组的合理使用、与其他能源系统的连接方式进行了
说明。

5. 安全事项总结

无论进行本地电网连接还是进行建筑物的主/副断路器配电箱的连接，请牢
记并遵循各项安全规定：

1）所有电气操作必须由合格的、具有资质的电气技师来完成。

2）始终遵守国家和当地的有关电气规范。

3）在最终并网之前，必须和当地的电力供应商或电力公司保持联系。

7.6 安装和维护事项

当安装用于住宅或商用建筑物的风力机时，大多数制造商的代理处和设备销售商都有能力和经验提供帮助。然而，有些住宅或商用建筑的业主也许会决定自己动手安装风力机。在试图安装一台风力机之前，应当注意以下事项：

1）风力机对安装场地的影响。

2）安装点应有合适的混凝土基座。

3）安装者应对交流电和直流电的区别有着透彻的理解。

4）安装者有电气线路安装的安全经验。

5）拥有 30～50ft 高度塔架的安全装置和索具。

6）塔架的安全"落区"已经清理干净。

7）例行保养合乎规定。

在本章的前面已经讨论过场地选择和电力操作时的安全问题。风力机的经销商应当核查安装点的混凝土基座是否合适，而基座工程应由合格的混凝土工程承包商完成。

1. 塔架的安装

塔架是风力机最重要的部件之一，其造价占到系统总造价的一半以上。因此，一定要按照正确的步骤进行安装。大多数小型商用风力机采用桁架式塔架、单管塔架或拉索式杆架（见图 7-11）。图 7-12 所示一个桁架式塔架的实物。

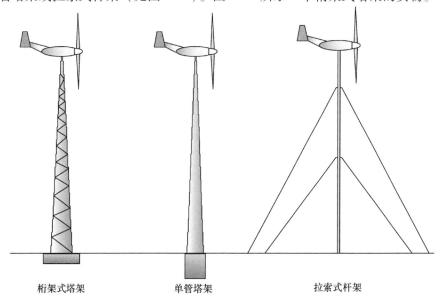

桁架式塔架　　　　　单管塔架　　　　　　拉索式杆架

图 7-11　大多数小型商用风力机采用的塔架形式

通常桁架式塔架或采用重型钢管构建的塔架需要利用拉索进行辅助支撑以保证塔架的稳定性，并能够增强其抵御大风的能力（见图 7-13）。拉索是拉紧的缆绳，一端与塔架上部连接，另一端与坚实的基座（如混凝土板）固连。

图 7-12　支撑风力涡轮机的桁架式塔架　　图 7-13　小型风力机采用拉索来辅助固定塔架

在某些案例中，为塔架安装拉索带来的好处是能够把塔架放倒以便进行维修，或在极端风速下放倒以确保安全。这种构造称为折叠式塔架（见图 7-14），采用了一个铰接座进行塔架的竖起与放倒。图 7-15 所示为这种类型的塔架是如何利用起重把杆的杠杆作用进行起竖安装的。起重把杆是一根坚硬的拉杆，与塔架底部相连，在其端部安装了一个滑轮用于抬升塔架。

因为没有拉索，所以独立式塔架需要更加牢固的基座。独立式塔架的主要优点是其"足印"（占地面积）比桁架式塔架要小得多。在某些情况下，一个独立式塔架就是一根电线杆（见图 7-16），将风力机安装在其顶部即可。

2. 例行维护保养

任何带有活动部件的设备都需要定期进行某种形式的例行维护保养。而且，活动部件会不可避免地出现磨损并最终出现故障，风力机也不例外。维护保养的项目随着风力机制造商的不同而有所区别。有些仅要求每年进行一次外观检查，另一些则会涉及很多内容。无论制造商的建议如何，每个家用或轻型商用风力机的拥有者都应当开展下列例行保养工作：

例行保养维护的第一项工作是进行外观检查。查看有无严重磨损的痕迹和裂

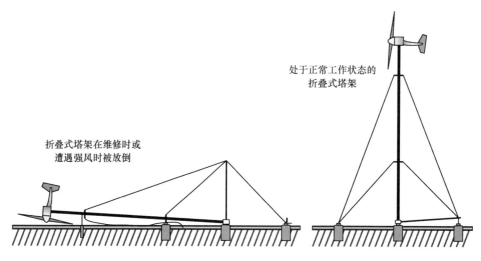

处于正常工作状态的
折叠式塔架

折叠式塔架在维修时或
遭遇强风时被放倒

图 7-14　折叠式塔架

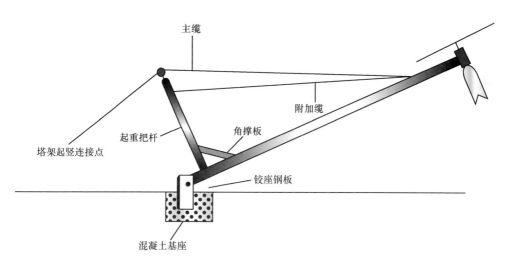

主缆

附加缆

起重把杆　　角撑板

塔架起竖连接点

铰座钢板

混凝土基座

图 7-15　通过起重把杆和抬举点将折叠式塔架竖起

注：抬举点可以位于绞车、货车或拖拉机上。

缝？主要部件的运行是否正常？这是一些需要首先检查的项目。接下来要检查叶片的状况。是否需要重新喷漆？叶片前缘是否需要压胶？记住叶片的材料能够对其耐久性和预期寿命产生影响。

　　然后检查轴承状况。轴承是否为永久密封型轴承？是否需要补充润滑脂？应向制造商咨询有关轴承润滑的事项，因为过量的润滑脂同样会缩短某些轴承的寿命。接下来，如果带有齿轮箱，则可能需要更换齿轮润滑油。再次提醒，应向制造商咨询相关事项。所有的预防性保养程序都包括检查和紧固风力机的螺栓和螺

图 7-16 普通的电线杆有时也可以用作风力机塔架

母。为了避免拧得过紧，在这项工作中可能会用到力矩扳手。在大多数情况下，例行维护保养应每年进行两次。记住应该购买高质量的零件，厚重结实的机器比那些用轻质材料制成的机器更耐用，寿命也更长。

 现场小贴士

高塔架上的维护保养工作

当高塔架上的例行保养工作有困难时，折叠式塔架无疑就是最好的选择——特别是对于有恐高症的人！

第8章

大型风力机

根据装机容量的大小，风力机可分为三大类：

1）小型风力机的输出功率通常小于10kW，如前所述，小型风力机通常用于家庭或轻型商用场合。

2）中型风力机（见图8-1）的输出功率为 10 ~ 250kW，用于农场、学校、公司和其他市政建筑。这类中型风力机通常独立使用，也可组群使用，为小镇或村庄供电。它们也可与其他类型的可替代能源（如太阳电池板）联合使用，组成混合系统。

图 8-1　中型风力机

3）大型风力机的功率为 250kW ~ 5MW。这些庞然大物可高达 250ft，屹立在风电场中，是分布式发电系统的核心设备（见图8-2）。

本章重点介绍大型风力机，将会讨论以下内容：

1）大型风力机的结构。

2）整体控制。

3）地点选择。

4）建造和安装。

图 8-2　大型风力机

5）电气连接。

6）安全。

7）保养和维修。

8.1 大型风力机的结构

无论风力机的尺寸大小如何，其基本构成都是相似的（见图 8-3）。风力机的叶片和飞机螺旋桨的形状类似。叶片和轮毂相连，与轮毂一同组成了风轮（也称叶轮）。风轮与主轴相连，主轴有时也称为低速轴，因为其转速与风轮相同，通常不会很快。齿轮箱将低速轴的低转速转换为高速轴的较高转速。齿轮箱的高速输出轴上有一套机械制动系统，与汽车上使用的盘式制动系统原理类似，用于使风轮减速或停止。制动系统是一个安全系统，采用液压油的压力使得卡钳松开，停止制动。换句话说，液压系统用于松开制动。当接收到中心控制器的制动指令后，油压降低，而强力弹簧将制动块压到制动盘上，使风轮减速或停止转动。

齿轮箱的高速轴与风力机的发电机相连。如前所述，发电机可能发出交流电或直流电，这些电力通常需要进行滤波和整形处理，然后通过升压变压器送往配电站，最终并入主干电网。风轮、传动轴和齿轮箱有时称为传动系统。齿轮箱的作用是提高发电机轴的转速。所有这些部件都被安装在封闭的机舱中（见图 8-4）。

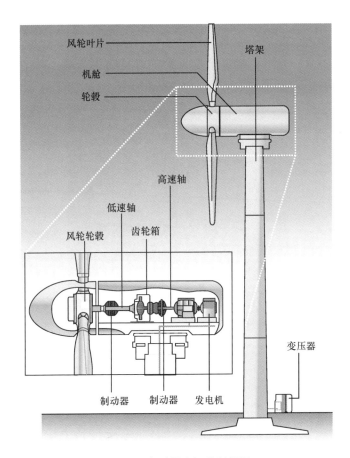

风轮叶片

塔架

机舱

轮毂

高速轴

低速轴

齿轮箱

风轮轮毂

制动器 制动器 发电机

变压器

图 8-3 大型风力机的剖视图

图 8-4 风力机的部件安装在机舱的保护壳体中

风　　舵

每一台风力机的机舱顶部都有一个风舵。风舵为风力机指示来风的方向，然后风轮和机舱就能够通过转动面对来风。

8.2　整体控制

当代大型风力机的核心是控制系统（见图 8-5）。

这种基于微处理器的控制器用于大多数风力机的决策处理过程和安全管理，包括监测风力机的工作模式、进行趋势测量和统计分析等。控制器位于风力机的机舱或底座中。

在现代化的风电场中，基于微处理器的控制器通过光缆联网接入中心站，风电工程人员可以通过一台计算机工作站监视多台风力机的运行状况。以下是在中心控制器决策过程中需要监测和使用的某些参量。

1. 模拟量

模拟量是由变化的输入量的测量值生成的读数，包括：

1）所有三相发电机的电压和电流读数（通常情况下，多数大型风力机发出三相电，而小型风力机发出单相电）。

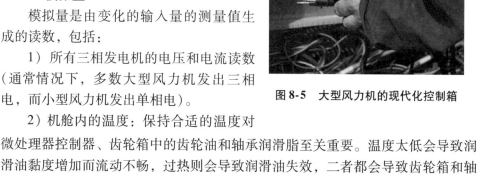

图 8-5　大型风力机的现代化控制箱

2）机舱内的温度：保持合适的温度对微处理器控制器、齿轮箱中的齿轮油和轴承润滑脂至关重要。温度太低会导致润滑油黏度增加而流动不畅，过热则会导致润滑油失效，二者都会导致齿轮箱和轴承过早出现故障。

3）发电机、齿轮油和齿轮-轴承温度：同样，这些部件的极端温度会引发故障。

4）风速和偏航方向：风力机的偏航机构转动机舱和风轮，使其对准风向。

5）低速轴和高速轴的转速。

6）叶片变桨距角：用于在风轮转动时最大程度地捕获风能。

2. 数字量

数字量是测量值生成的两种状态的读数（例如开和关、通和断），包括：

1）风向。

2）发电机过热报警。

3）液压力水平和报警信号。

4）振动等级和报警信号。

5）紧急制动回路信号。

6）偏航控制器和液压泵等装置的过热信号。

 技术小贴士

DDC 试车

随着直接数字控制技术（DDC）日趋复杂，规格工程师（Specification Engineer）要求由第三方进行试车。这意味着必须由控制系统制造商和安装承包商之外的人员在项目竣工之后进行系统最终评估，以验证控制系统的功能是否正常，是否符合技术规格要求。

8.3 场地选择

如前所述，选择合适的场地对于发挥风力机的性能具有决定性的作用。理想的地点包括五大湖距岸数英里的湖面或海洋之中。这里的风速和风向都比较稳定。然而，从经济和环保的角度考虑，这样的地点却并不一定是建造风力机的可行场地。因此，在陆地上选择大型风力机的安装地点时，必须考虑多种因素。这些因素将在下面进行讨论。

1. 地形的平整度

显然，平缓的地形会形成更为均匀的风，而粗糙起伏的地形会降低风速（见图8-6）。此外，树林、灌木、较高的草丛都会降低风速。风能行业在评估安装地点的条件时，对地形的平整度进行了分类。平整度为3~4级意味着该地形上有很多树木和建筑，大面积水体表面的平整度为0级，而植被覆盖较少的平坦开阔地形的平整度可以低至0.5级。

2. 风况和风切变

如前所述，平均风速可以从美国能源部国家风力技术中心的网站上获得，也可以从当地最接近民用机场的气象中心获得。平均风速通常由当地气象台站在30ft高度测得。而在现实中，大部分风力机距离地面的高度为200ft，所以必须考

图 8-6　平缓的地形带来了均匀的风力

虑二者之间的差异。除了实地获取信息之外，还可以通过计算的方法确定风速、功率密度和风能的经济性等指标。风切变是为风力机选址时需要考虑的另一项重要因素。风切变是风速随高度发生的变化（见图 8-7）。当风速轮廓线向地面扭转时，风速就会下降。事实上，在风力机运转时，风叶尖端的气流速度很快，而最高端的风速与最低端的风速也存在差异。这将导致叶片在转动到最高点时的受力要大于在最低点时的受力。

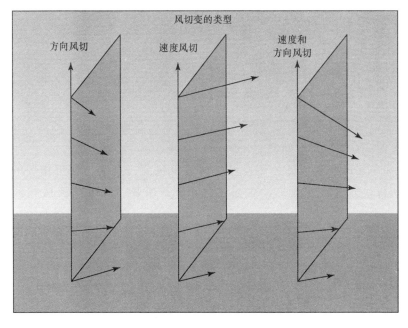

图 8-7　三种风切变类型

3. 风障

树木、建筑物、山丘和其他障碍物也会显著降低风速并产生紊流。图8-8模拟了风吹过障碍物时的典型状况。如图8-8所示，障碍物附近的紊流可以扩展到障碍物本身3倍的高度。而且，障碍物后面的紊流比前面更加明显。此外，障碍物还会降低其下游的风速，这种降低与障碍物的坚固程度有关。例如，从风障的角度看，落叶树木在冬季由于叶子脱落而变得不那么"坚硬"，然而在夏季，浓密的树叶会增加风阻。因此，最好避免在风力机附近出现大型障碍物，尤其要避免障碍物出现在风力机的上风向或盛行风的方向上。

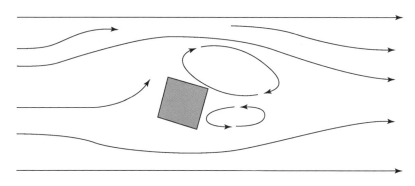

图8-8　障碍物会显著降低风速并产生紊流

8.4　建设和安装

当为风电场选定了合适的地点后，就进入了建设阶段。此时，场地开发商应该已经同该地块的所有者达成了协议，通过租借或购买的方式取得了待建风电场地皮的使用权。风电场的实际建造工作可以通过下列两种途径之一完成：

1）风电场的所有者或开发商同一家大型承包商签订协议，由后者负责整个项目的管理，并满足所有的需求。

2）风电场所有者或开发商自己担任总承包商，直接与项目相关的各个公司签订协议，完成土方施工、地基建造、设备吊装、配电站连接和其他各项工作。

在破土动工之前，建设人员已经在设计和布局方面花费了大量的时间。如前所述，项目设计与风力机的安装成败取决于许多因素，包括地形、盛行风、可能阻挡风力的障碍物、与配电站的距离，以及周围房地产业的开发前景等。在风电场的建设阶段要注意很多关键因素，而项目的时序安排是最重要的事情之一。对任何一个成功的项目，建设时序是最重要的因素。开发商或总承包商的第一批任务之一就是规划对建设时间表具有决定性影响的长周期项目。风力涡轮机、塔架及附属设备的交货周期可能长达数周甚至数月。为了及时获得这些关键设备，需要物流部门负责运输工作（见图8-9）。例如，机舱可能产自欧洲，塔架来自墨西哥，而控制系统是加利福尼亚制造的。将大量长达150ft的风力机叶片经过数个国家甚至越过大洋运送到施工现场绝非易事。每一个关键部件都需要在特定的时间内到达施工现场，任何延误都将使得工程耽搁数日甚至数周。

图8-9 物流运输对于风电场的建设至关重要（风力机可通过货车或火车运输）

当项目启动后，有大量的工作需要在第一座塔架竖起之前完成：

1）土方工程：需要修建通往塔架建设地点的道路，这些道路应能够支撑大吨位设备的运输，并从主干道向外延伸数英里。此外，要在塔架建设地点开挖土方，建造地基。

2）地沟挖掘：利用装有重型旋转链条的专用设备挖掘地沟，地沟中将要铺设电缆或光缆，用以连接塔架和配电站。这些电缆沟在风电场中绵延很多英里。

3）建造配电站：在大多数情况下，需要建设一座新的配电站，用于将风电场的电力并入主干电网。该项目场地的施工需要电气承包商、土方承包商、吊装和塔架起竖施工方，以及当地和州电力公司合作完成。

当前期工作完成后，就可以启动后续建造项目。施工人员首先完成塔架的混凝土基座建造，然后电气承包商将PVC电缆管道铺设在电缆沟中，将电缆从塔架铺设到配电站（见图8-10）。

另一组电气施工人员将基座安装型变压器安装在塔架边上。同时，运输人员将一些主要设备，如塔架部件、风轮轮毂和叶片跋山涉水运输到现场。在运输途中要经常钻过低垂的电力线，越过崎岖的道路，有时还要与恶劣的天气抗争。最终，塔架被竖立起来，接下来，机舱和风轮被吊起到空中，然后被安装到位（见图8-11）。

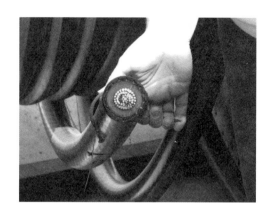

图 8-10　连接各台风力机的电缆

图 8-11　在塔架起竖到位后安装
机舱并吊装风轮叶片

塔架安装竣工后，通常就应进行最后的电气连接和试运行。这些工作人员可能有风力机制造商的授权和认证，或者就是制造商的雇员。此刻，所有的电路都连接完毕，在变电站等待最终完工。此外，所有风力机的控制器被光缆连接到一起，通过地下电缆管道接入一家专业公司，该公司会对风电场的日常运行状况进行监测。控制设备的试运行通常由高度专业的工程人员进行，他们受过数字控制和程序逻辑控制方面的专业培训。建造过程的最后一步是启动风电场并将其并网，这也是最激动人心的时刻。

8.5　大型风力机的安全措施

在风力机的建设和运行中，最重要的工作之一就是确保安全（见图 8-12）。风力机技术人员面临许多潜在的风险，为了保证人员安全，需要合理的训练和适当的装备。

风力机技术人员面临的风险包括：

1）电击。

2）机械设备（运动部件）的撞击。

3）恶劣天气的伤害。

图 8-12　风力机建造和运行中最重要的工作之一是确保安全

4）跌落伤害。

5）狭小空间作业的风险。

6）很大的工作压力。

风力机操作人员应当严格遵守本地、州和国家的安全规范，这些规范由职业安全与健康管理局（OSHA）等机构制定颁布。此外，雇主应要求所有雇员参加安全培训课程。在电气安全方面，技术人员应当熟知并遵循与下列内容相关的程序：

1）电气设备和断路装置的挂牌锁定练习。

2）对高压设备进行操作或在附近操作。

3）穿戴适当的防护服和安全装具。

4）高压设备的脱开和断电程序。

5）与高压设备相关的风险。

6）高压设备的净空需求。

有一项事关操作人员安全的重要规定，要求采用适当的装备用于攀登、高空作业，以及在运动部件附近作业。满足这些要求的装备包括：适当的攀爬用具、安全帽、护目镜、钢趾鞋等。有些攀爬装具可以为操作人员提供充分的跌落保护，这类装具包括全身防坠型安全带，如图 8-13 所示。操作人员还应懂得哪里是正确的固定点。

更多的跌落保护装备包括吸能挽索或防坠落系统。高空作业需要使用梯子或其他攀爬工具。总的来说，操作人员需要知道上升和下降控制的正确流程。

在上述安全规程之外，风力机操作人员还应具有塔架救援的知识。如果某个工人在风力机塔架顶部受困或受

图 8-13　全身防坠型安全带是风力机工作人员的一种攀爬装具

131

伤，他人应能够实施正确的救援。有关这些规程的安全训练可以通过职业安全与健康管理局（OSHA）、美国风能协会（AWEA）等组织进行，也可由塔架制造商组织进行。

 技术小贴士

工人安全

风力机技术人员不仅需要安全地开展工作，而且必须具有良好的身体素质。想想看，他们必须沿着梯子爬到 200ft 以上的空中，有时每天都需这样做，因此必须保持最佳的身体状态！

8.6 风力机的维护保养

只要设备有运动部件，就会出现磨损。大型风力机同样如此。这就是为什么持续的预防性维护保养工作至关重要的原因，因为只有这样做才能将所有部件（尤其是在寒冷气候下）保持在最佳运行状态（见图 8-14 和图 8-15）。如果考虑到风速和风向的大幅波动、负载的变化、天气的极端变化，以及机舱内狭小的空间，就很容易明白为什么风力机需要全面彻底的保养流程。

图 8-14 持续的预防性维护保养对于使风力机保持最佳工作状态至关重要

图 8-15 在冬季风力机也需要进行例行保养

1. 计划性维护保养

许多大型风力机制造商能够提供持续的保养服务和预防性维护合同。这些服务不仅令设备处于更好的工作状态，而且能够保证其达到工程规范要求。在保养服务过程中，公司会对整个风力机进行全面的年检或半年检测。除此之外，还会开展一些计划性保养检测项目，如叶片和齿轮箱检测、偏航和叶片角度检测，以及操作人员安全规范检测等（见图 8-16）。偏航是指机舱绕垂直轴的左右转动。

图 8-16　计划性保养维护是保持风力机性能的重要工作

2. 对风

未对准风向的风力机，其叶片上承受的负荷不均匀。这将导致叶片的过度弯曲和疲劳应力。这就是为什么对偏航角的检查非常重要，而且必须被纳入维护项目的原因。有些公司甚至提供偏航角和叶片角的激光准直服务。必须指出，风力机每偏离风向 1°，其输出功率将损失 1%。风力机越大，负荷就越大，问题就越严重。除非及时进行叶片和偏航角的校准，风力机在其寿命周期的大部分时间里一般都会出现失准的问题。

3. 并网

尽管大部分维护保养工作都集中在风力机本身，但电网连接问题仍然是整体维护程序的重要部分。通常每台风力机都在其塔架基座附近安装有变压器（见图 8-17）。

风力机发出的电压通常为 575V 或 690V，然后被变压器升高至 35.5kV。应当每年对这些基座变压器内的变压器油进行采样，检测其中的溶解气体等物质。电力通过变压器被送往互联变电所，然后与来自其他风力机的电缆汇合，再进入主变电所，在那里并入主电网（见图 8-18）。

为确保电缆或光缆线路连接牢固可靠，需要对其进行定期检查。

图 8-17　通常在每台风力机基座附近装有变压器

图 8-18　电力被送往变电所并入主干电网

4. 齿轮箱的保养

风力机上有一个最重要也最容易被忽视的设备，它就是齿轮箱——安装在风轮和发电机之间，用来增加传动系统转速的设备。根据统计，风电场发电效率降低的主要原因就是齿轮箱保养维护不佳（见图 8-19）。一般来说，风电系统的运行和维修费用从第四年起开始增加，而齿轮箱则是"罪魁祸首"。尽管风力机的平均寿命可达 20 ~ 30 年，但齿轮箱的质保可能只有短短的 2 年。齿轮箱出现问题的最主要原因是轴承故障。最近的研究证实轴承是齿轮箱故障的起始点。故障原因很复杂，包括润滑不良以及润滑油的质量不佳等。除了轴承问题，润滑油污染也会导致齿轮箱故障。由于水和颗粒物渗入齿轮箱，导致润滑油受到污染。减少润滑油污染的最佳途径是使用合适的机油过滤器。

风力机齿轮箱使用内置加外置的微粒过滤器、通气阀或通风孔。令人惊讶的是，那些小到肉眼看不见的微粒竟然能够污染润滑油并导致重达 20t 的齿轮箱出

图 8-19 齿轮箱的维护对于保持风力机的性能至关重要

现故障。颗粒物污染还会缩短齿轮油的寿命。而如果水分进入齿轮油，就会产生酸，接下来就会引起齿轮、轴承和密封件的氧化和腐蚀。为使齿轮油保持最佳状态，应使齿轮油保持冷却、干燥和清洁。齿轮油的冷却几乎和过滤同样重要。为了帮助冷却，在大型齿轮箱中使用了热交换器，在齿轮油通过过滤器回到齿轮箱之前将热量转移出去。为了保持齿轮油的干燥，使用了具有强烈亲水性的添加剂，例如干燥剂。将这类添加剂与润滑油混合，二者在齿轮箱内互溶。正确的过滤可以确保润滑油的洁净度。建议安装一个油压开关，用来测量过滤器两端的压力差，指示出由于油品问题引发的任何流过过滤器的阻力，或指示出过滤器的更换时间。图 8-20 所示为一台两级齿轮箱实物。

图 8-20 一台两级齿轮箱实物

案例研究：约翰迪尔风车公园

行进在密歇根州的"拇指"地区，你可以看见大片富饶而平坦的农场。该地区以盛产大豆和甜菜而闻名于世。事实上，密歇根拇指地区的甜菜产量巨大，先锋糖业公司在此处设立了数家工厂。同样位于拇指地区的还有"密歇根风力 1 号"，即该州最大的风电场。风力机的基座如图 8-21 所示。

约翰迪尔再生能源公司（John Deere Renewables）在密歇根州阿布利地区的

图 8-21　风力机的基座

风车公园（见图 8-22）由 46 台 GE 风力机组成，每台风力机有一台 1.5MW 的发电机。"密歇根风力 1 号"的总装机容量为 69MW——足以为整个休伦县提供电力。该风电场于 2008 年投入商业运行。

图 8-22　密歇根州的风车公园

约翰迪尔再生能源公司位于爱荷华州的约翰斯顿，于 2009 年 10 月从诺布尔环境动力公司（Noble Environmental Power）手中获得了该风电场。"密歇根风力 1 号"是约翰迪尔再生能源公司在密歇根西北部的第二座风电场。"收获 1 号"风电场也在休伦县，位于皮金和埃尔克顿镇之间。约翰迪尔再生能源公司目前在 6 个州拥有 27 座风电场，装机容量高达 600MW。

第 3 篇

地能：让大地使我们的世界凉热

第9章

地能系统的原理

9.1 概述

　　地能是可替代能源中持续性最好的一种，它的运行成本比现有任何一种家用或商用的加热或制冷系统都要低。地能技术的概念是利用地壳作为媒介来传递热量。热力学第一定律指出，能量不能被创造或消灭，但可以从一种形式转化为另一种形式。地能系统利用了这一原理，通过将热量从大地中取出或送入，来使建筑物维持舒适的环境温度。在图9-1中，热交换是通过埋在地下的管路或聚乙烯管道实现的，管道中注满水和防冻剂。这种地下管路系统称为地能系统的换热器，是一个闭式环路系统。地能系统中的水可以来自水井或池塘，而水井和池塘

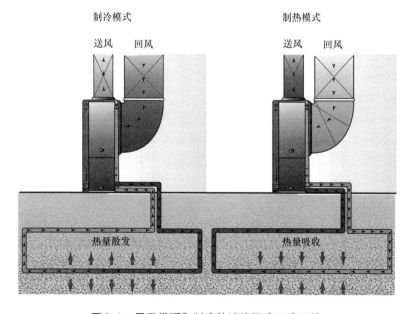

图9-1　用于供暖和制冷的地能闭式环路系统

同时也是换热器。

地表之下4~6ft的温度常年保持相对稳定。通常情况下，该温度在50~80℉之间，具体数值取决于当地的气候条件。地层中的热量基本来自对太阳辐射的贮存热量。在冬季，地源热泵系统可以将热量从地层中取出，转移到家庭或其他建筑物中，使其保持温暖。基于同样的原理，在夏季，地源热泵系统可以将室内多余的热量去除，将其转移送入地层中，从而实现了空调制冷的作用。由于地表之下4~6ft的温度能够保持相对稳定，因此井水和地下含水层中的水温也能保持相对稳定。使用井水的系统类型称为开式回路系统。与使用地下管路的闭式回路系统不同，开式回路系统直接将井水泵入系统，进行热交换，然后再将其泵回地下（见图9-2）。

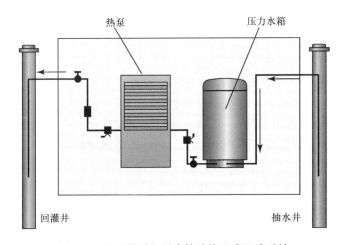

图9-2　用于供暖和制冷的地能开式环路系统

如前所述，地能系统之所以能够在寒冷的冬季为建筑物供暖，是因为土壤和水源蕴含丰富的热量，其最低温度不过50℉。正是因为闭式回路系统换热器中的水或井水能够贮存并转移大量的热量，从而使得地源热泵成为目前供暖和空调领域最高效的能量源。地源热泵系统的高效率在于其在工作中仅仅转移热量，而并非像化石燃料那样通过燃烧产生热量。这种热转移是通过系统自身的制冷系统实现的。

地源热泵还有许多其他的名称，如地能交换泵、土壤耦合热泵和水源热泵等。读者应当注意不要将此处讨论的地能系统类型与常规地热能源混淆。常规地热能源通常是指在地球深处的地质结构中发现的热源，这种热源通常与火山活动有关，表现形式为温泉、间歇泉和天然蒸汽喷射等（见图9-3）。这种能量可被用于驱动大型涡轮机来发电。

图 9-3 间歇喷泉（如老忠实泉）是地球中地热能源的例证

 懂得更多

地热能与地源热泵

　　常规地热能来自放射性矿物质的衰变，可表现为地表深处的火山活动。黄石公园的间歇喷泉——老忠实泉就是这种能量的释放现象。

　　用于家用和商用建筑供暖和制冷的地能则是地壳与外部发生热量输入和输出转移的结果。这种热转移过程是通过地源热泵（GSHP）来实现的。

9.2　地源热泵制冷系统

　　典型的房间空调器或家用电冰箱包含一个基本的制冷系统。空调器的目的是去除建筑物中的多余热量，即安装在室内的盘管中注满制冷剂，能够吸收热量，再将其转移到室外盘管中释放掉。常规气源热泵使用相同的系统，仅仅是在制热模式时改变了制冷系统的工作方向。当运行于制热模式时，气源热泵的室外盘管中的制冷剂从室外空气中吸收热量，再将热量转移到室内。地源热泵的工作方式与此类似，但是没有常规的室外盘管，热量是由被水泵驱动的水或水和防冻剂的混合物来转移的。在转移的过程中，热交换介质流过地下的管路系统，或者通过水泵从井中抽水。这些水或防冻剂流过热泵系统的热交换器，从而实现了热量的转移。

如图 9-4 所示，基本的制冷系统主要由 4 部分组成：压缩机、冷凝器、节流装置和蒸发器。无论制冷设备的规模有多大，都需要上述 4 部分才能正常工作，而每个部分都有其特定的用途。

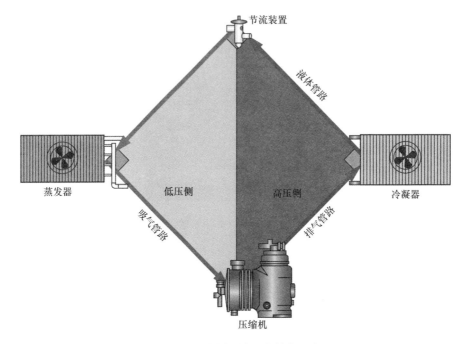

图 9-4　制冷循环的 4 个基本要素

1. 压缩机

压缩机相当于制冷系统的心脏，其主要功能是使制冷剂在系统中循环流动。事实上，压缩机要完成两个任务：第一，将制冷剂蒸气从蒸发器中抽出；第二，压缩制冷剂。此时制冷剂的温度和压力会升高。当制冷剂的温度升高时，由于热量会从高温处流向低温处，所以热转移也发生了。大多数地源热泵都采用了往复式或涡旋式压缩机。

往复式压缩机的工作过程类似内燃机（见图 9-5），其中的活塞和阀门将制冷剂抽入缸体，然后进行压缩，使其温度和压力升高（见图 9-6）。

地源热泵采用的另一类型的压缩机是涡旋式压缩机（见图 9-7 和图 9-8）。这类机器包含有定涡盘和动涡盘，当涡盘发生相对转动时，就会压缩制冷剂（见图 9-9）。图 9-10 所示为涡旋式压缩机壳体内部的涡旋盘。

图 9-5　往复式压缩机

图 9-6　往复式压缩机的内部结构

图 9-7　现代涡旋式压缩机

图 9-8　涡旋式压缩机的内部结构

　　几乎所有地源热泵使用的压缩机都采用密封结构（见图 9-11），很难进行现场维护。它们依赖制冷剂的蒸气进行冷却，以使轴承和其他部件在极端的环境中保持适当温度。

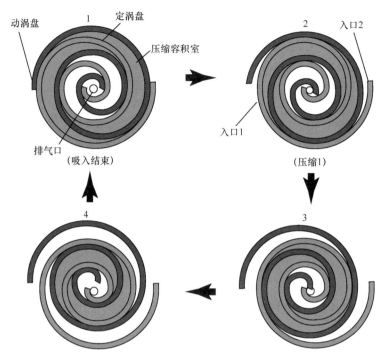

图 9-9　制冷剂在涡旋式压缩机中的压缩过程

图 9-10　涡旋式压缩机壳体
　　　　内部的涡旋盘

图 9-11　壳体焊接密封的压缩机

2. 冷凝器

当制冷剂离开压缩机后，就会被泵入冷凝器。在这里，过热制冷剂的蒸气释放出热量，冷凝成液体。过热的定义是制冷剂蒸气的温度超过了其100%饱和蒸气的温度。大多数常规空调器的冷凝器采用气冷方式（见图9-12）。然而，地源热泵的冷凝器实际上是由同轴的两条管道组成，其中一条管道位于另一条管道之内（见图9-13）。一根管道内含有制冷剂，另一根管道内则是水和防冻剂溶液，在地埋回路中循环流动。这两种物质在同轴套管式换热器中反向流动（见图9-14），从而实现了最大程度的热交换。这个过程称为逆流式热交换。

图9-12　风冷式冷凝单元

冷凝器主要有三种功能。首先，它将来自压缩机的过热蒸气降温，这其中的大部分热量来自制冷剂的压缩过程。然而，还有部分热量来自于压缩机的内部摩擦——类似内燃机内部的热量组成。冷凝器的第二个功能是将制冷剂蒸气凝结为液态。这个过程的实质是热交换。当制冷剂凝结时，会发生状态改变，从而将潜热释放出来。潜热的定义是当物质从一种状态变化到另一种状态时吸收或释放的热能，在此例中，制冷剂的状态从蒸气变为液体。冷凝器的第三个功能是使液态制冷剂过冷。过冷的定义是当制冷剂变为100%饱和液体时继续将多余的显热（焓）去除掉。过冷是制冷系统重要的特征之一，它决定了系统中制冷剂的使用

图 9-13　套管式换热器的结构是将一根管路插入另一根管路中

注：内管和外管是隔离的。

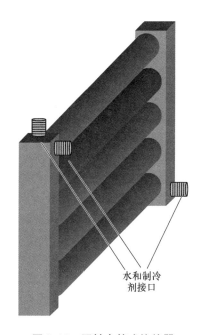

水和制冷
剂接口

图 9-14　同轴套管式换热器

注：该设备在地源热泵的制冷模式下起到了冷凝器的作用。

量，还决定了节流装置的效率和能力。

3. 节流装置

节流装置的作用是大幅降低制冷剂的压力，同时也降低其温度。液态的制冷剂沿着液体管路从冷凝器的出口流向节流装置。节流装置主要有两类：一类是固定节流孔，另一类是膨胀阀。毛细管属于固定节流装置，用于地源热泵中。顾名思义，毛细管是一根长而细的铜管，当液态制冷剂流过其中时，压力就会降低。毛细管位于液体管路与蒸发器之间（见图 9-15）。热力膨胀阀（TXV）是另一类节流装置。事实上，热力膨胀阀广泛用于当今几乎所有的地源热泵中（见图 9-16）。

图 9-15　毛细管位于液体管路和蒸发器之间

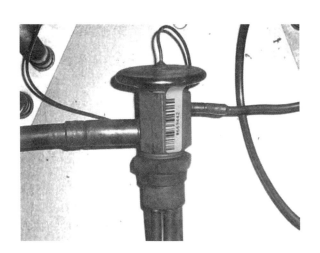

图 9-16　热泵中的热力膨胀阀

注：该装置限制了流入盘管的制冷剂。

当毛细管向蒸发器输送一定体积的制冷剂时，膨胀阀可以调节制冷剂的流量，从而提高毛细管的效率。这种调节作用的强弱取决于蒸发器的负载。例如，在进行空气调节时，如果室内的空气温度远高于设定值，膨胀阀将会大开，向蒸发器输送较大数量的制冷剂，以满足大冷却负荷的要求。当空间的温度已经下降并接近设定值时，膨胀阀的开度减小，以防止过量的制冷剂被送往蒸发器，从而避免了回液现象（见图9-17）。

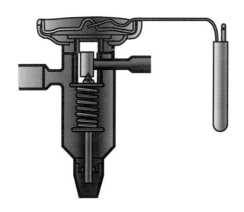

图9-17　热力膨胀阀的剖视图

注：图中的针阀控制进入蒸发器的制冷剂数量。

无论热泵采用的节流装置是毛细管还是膨胀阀，当液态制冷剂流过一个狭小的节流空间后，必然从高温高压的液体状态变为低温低压的液体-蒸气混合状态。这种类似浓雾的混合物被喷洒入蒸发器中。有一点很重要，就是节流装置在地源热泵中发挥了双重作用，这是因为热泵可以用来进行制热或制冷。在制热模式下，节流装置调节进入套管换热器的制冷剂流量。也就是说，套管换热器在制热模式下扮演了蒸发器的角色。而在制冷模式下，节流装置调节流向盘管的制冷剂流量，此时这些室内盘管扮演了蒸发器的角色。在某些情况下，可能要在节流装置的管路上安装止回阀，以确保制冷剂只可以沿着一个方向流动。图9-18所示为热泵中的制冷剂在制热模式下的流动方向，图9-19所示为热泵中的制冷剂在制冷模式下的流动方向。

 技术小贴士

热力膨胀阀的调节

为了从地源热泵获取更多的制热量或制冷量，人们可能倾向于调节膨胀阀上的过热调节螺杆组件。然而，我们建议最好不要这样做。很多维修技师调节该组件后，带来的危害比得到的好处多得多。如果蒸发器盘管的过热测量出现问题，可以通过其他措施来纠正，而不是通过过热调节弹簧来进行调整。

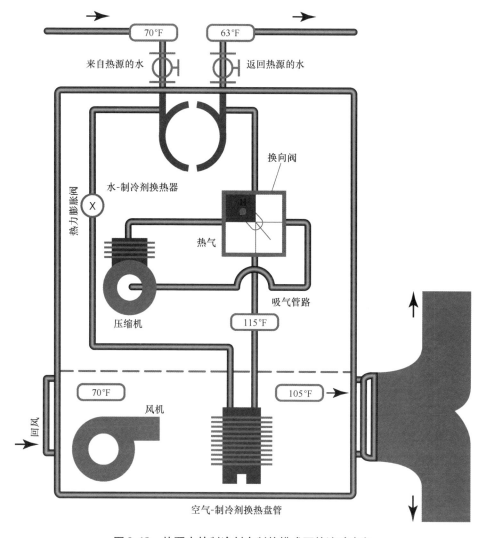

图 9-18 热泵中的制冷剂在制热模式下的流动方向

4. 蒸发器

蒸发器是基本制冷系统中的第四个部件。在地源热泵系统中，室内盘管在制冷模式下作为蒸发器使用，安装在柜体内的循环风机附近（见图 9-20）。在制冷模式下，蒸发器就像海绵一样从室内空间吸收热量，在制热模式下则从地下吸收热量。当制冷剂进入蒸发器时，其组成为低温、低压的液-气混合物。当室内温暖而潮湿的空气流过蒸发器盘管时，空气会将其显热和潜热释放出来，这些热量均被制冷剂所吸收，后者从液-气混合态变为全气态。在制冷剂从液相向气相的转变过程中，大量的热量发生了转移，该过程即蒸发中的潜热释放过程。一旦制

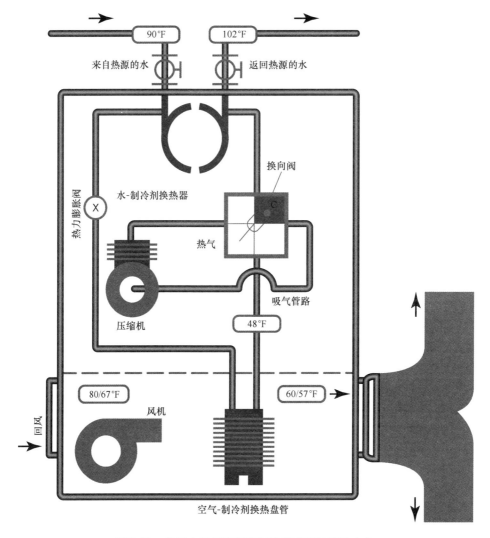

图 9-19　热泵中的制冷剂在制冷模式下的流动方向

冷剂变为 100% 气相，就开始吸收显热。显热会使制冷剂的温度升高，这个过程即过热。过热在制冷系统中发挥了重要的作用。在固定式节流系统中，过热是精准确定制冷剂加注量的依据，它还用来确保没有液体回流到压缩机中。压缩机仅被设计用来压缩气体而非液体。如果有任何液态制冷剂回流到压缩机，就可能发生液击现象，从而对压缩机造成不可逆的损害。

5. 四通换向阀

　　还有第五种部件，在基本制冷系统的正常运行中并非必需的，然而在热泵系统中不可或缺，这就是四通换向阀（见图 9-21）。该阀在地源热泵中用来使制冷剂在制热和制冷模式下改变流动方向。

图9-20　蒸发器

图9-21　四通换向阀

四通换向阀由具有4个端口的管道组成，与热泵的不同部件相连。有3个端口位于阀门的一侧，第4个端口位于另一侧。3个端口的中间端口永远与压缩机的吸气或输入管道相连。而另一侧的独立端口永远与压缩机的排气管路相连。在剩余的两个端口中，一个与通向套管式盘管的管路相连，另一个与通向室内盘管的管路相连。四通换向阀中有一个电磁导阀，可以根据制热或制冷模式，通过移动阀体内部的滑块机构改变制冷剂的流向（见图9-22）。

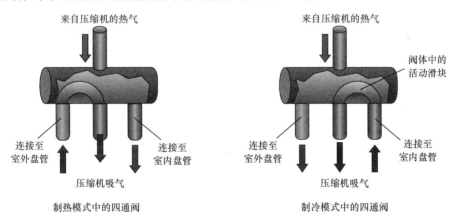

制热模式中的四通阀　　　　　　制冷模式中的四通阀

图9-22　在制热和制冷模式下制冷剂流过四通换向阀的方向

大部分热泵制造商都会采用四通换向阀。当电磁阀断电时，会使系统处于制热模式。还会有一些细小的控制管从那个单独的端口通往电磁导阀，再通向主阀体的各端。当阀门开关从一种模式切换为另一种模式时，这些控制管通过制冷剂的压力辅助滑块机构的移动。

请记住，在压缩机中制冷剂的流向是不可逆的。压缩机仅仅可以沿着一个方向压缩气体。然而，从压缩机排出的制冷剂则可以被导入室内盘管或是室外的套管式盘管，这时就需要四通换向阀发挥作用了。在制热模式下，从压缩机流出的制冷剂直接流向室内盘管，盘管在制热模式下扮演了冷凝器的角色，将热量散发到室内空间，完成制热功能。地埋回路则从大地吸收热量，传递到套管换热器中的制冷剂。这些热量用于在冬季加热室内空间。

在制冷模式下，制冷剂从压缩机直接流向室外套管式盘管。该盘管扮演了制冷模式下的冷凝器角色，将热量转移到地埋回路中。此时地埋回路将来自室内空间的热量传递给大地。在热泵的制冷模式下，室内盘管是蒸发器，吸收并排出室内的热量。请仔细观察图 9-18 和图 9-19，这两幅图片清楚地说明了热泵在制热和制冷模式下的制冷剂流动方向。

图 9-23 则从另一个角度展示了地源热泵的系统组成。注意图中套管换热器和室内盘管的位置。请记住，换向阀和膨胀阀都安装在热泵机柜中。

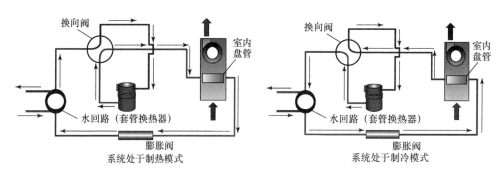

图 9-23　地源热泵中的制冷剂在制热和制冷模式下的流动方向全图

现场小贴士

更换四通换向阀

尽管系统的大部分部件都具有较高的可靠性，有时还是需要更换四通换向阀的。在把新的阀门钎焊到位时会遇到一个问题，就是三个端口离得非常近，加之热泵机柜的空间狭窄，给钎焊带来了巨大的挑战。一种使任务变得简单的办法是，在将新阀门安装到热泵机柜中之前，先在新阀门的各个端口钎焊上铜质延长管。这将使最后的钎焊工作获得更大的操作空间，有助于确保阀门的焊接成功。

第10章
地能回路的类型和配置 ··············

地能回路有多种配置类型。在为具体的应用场合选择配置方案时，必须考虑多种因素。正如前文所述，地埋回路的两种主要类型是开式回路和闭式回路。

在开式回路方案中，水来自于地下含水层、池塘、湖泊或溪流。水泵将水抽出，进入套管换热器，最终被排放回大地。如果可能的话，来自地下含水层的水源是开式回路系统的最佳选择（见图10-1）。

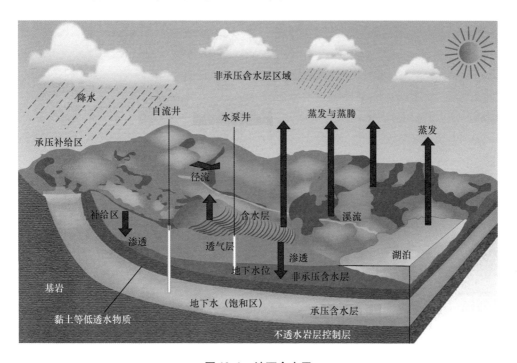

图 10-1　地下含水层

注：地下含水层是一种地质构造，可通过水井或泉水进行利用。

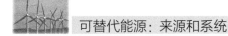

当选择开式回路系统时，为满足地源热泵的用水量，最好使用专用井而不是利用现有的家用井。选择开式回路系统的一个好处是地下含水层的水温基本是恒定的。选择该配置方案时，应考虑三个因素：水质、水量，以及经过热泵循环后的水在哪里泵入地下。

10.1　开式回路系统的水质

地下水来自水井或泉水，其根源是地质构造中的含水层。这些水可用于开式地源热泵系统，并通过水文循环过程持续进行自我循环（图 10-2）。

图 10-2　水文循环为开式地源热泵系统提供了地下水

水文循环的三个阶段是蒸发、凝结和降水。首先，水被来自太阳的热量加热而蒸发，变成水蒸气并成为地球大气的一部分。当水蒸气凝结后，就形成了云。当云中的水分增加到一定的程度后，超过云的承载能力，就会以雨或雪的方式形成降水。部分降水会渗入地下含水层中，在那里被开式回路系统所利用。在水渗入地下的过程中，会溶解一些矿物质，如石膏、石灰岩、碳酸钙，以及其他类型的沉积岩。这些矿物质溶入水中，使水质变差，如使水质变硬或形成铁质水垢。如不加以检修，这种情形会导致热泵的换热器（即第 9 章中讨论的套管式盘管）内部结垢和腐蚀，降低换热器的热传导能力（见图 10-3）。

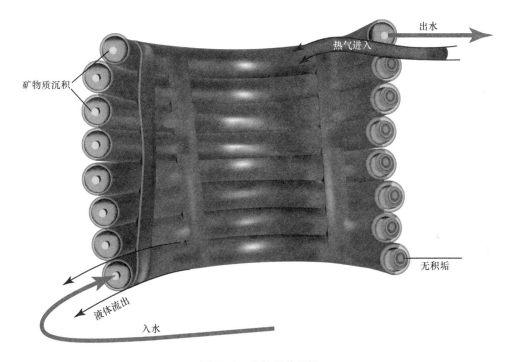

矿物质沉积

出水

热气进入

无积垢

液体流出

入水

图 10-3　换热器的积垢

　　所有这些因素都会对开式热交换器的使用寿命造成不利影响。为此，在决定采用开式系统之前，有必要对井水进行水质检测。

　　开式地源热泵的换热器是由铜或铜镍合金（白铜）制成。铜质换热器更适合闭式系统，因为其水质可以得到控制。采用铜镍合金材料的套管换热器比纯铜管道更加耐磨和耐腐蚀，因此更适合开式系统，还可以承受酸洗。在决定开式热泵系统所采用的材料类型时，可以参考表 10-1 的内容。

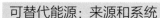

表 10-1　铜和铜镍合金换热器的对比

水盘管选择指南			
可能遇到的问题		铜 质 盘 管	铜镍合金盘管
结垢	钙盐和镁盐	小于 350ppm[①]时	大于 350ppm[①]时
	铁氧化物	低浓度时	高浓度时
腐蚀[②]	pH 值	pH 值为 7~9	pH 值为 5~7，或 8~10
	硫化氢	小于 10ppm[①]	10~50ppm[①]
	二氧化碳	小于 50ppm[①]	50~75ppm[①]
	溶解氧	仅在压力水箱中	所有系统
	氯化物	小于 300ppm[①]	300~600ppm[①]
	总溶解固体	小于 1000ppm[①]	1000~1500ppm[①]
生物滋长	铁细菌	低	高
悬浮固体		低	高

① 表中 ppm 表示 10^{-4}% （质量分数）。

② 若这些腐蚀性物质的浓度超过铜镍合金的最高极限，就需要对水质进行处理。

可以使用水软化剂来降低水的硬度，采用过滤器则有助于减少铁锈沉积。不幸的是，因为离子交换树脂软水剂并不经济可行，而且可能损坏换热器，因此并不建议用于地源热泵。这就是为什么对水的硬度和铁含量进行测试显得非常重要的原因。如果水质达不到热泵制造商的标准，就需要采用闭式回路方案。如果水质处于临界状态，就应当采取措施来降低换热器的结垢现象。这些措施包括将设备单元进行逆循环或进行化学清洗。逆循环将换热器变为一个低温蒸发器，执行该步骤将会降低换热器的水温，从而使更多的二氧化碳进入水中，从而去除积垢。换热器的化学清洗是去除积垢的好办法，这种方法需要用清洗酸液对设备单元进行反冲，即用一个小型泵将清洗溶液沿着正常水流的反方向在系统内循环至少 3h。当这个过程完成后，再用清水将设备单元冲洗至少 10min。

 懂得更多

水的硬度级别

硬水是由溶解在水中的钙离子和镁离子造成的。用硬水洗涤衣物时，需要耗费更多的洗涤剂，硬水还会使换热器内结垢。水的硬度系数用格令/加仑（gr/gal）来表示（1gr = 0.065g，1gr/gal = 17.118mg/L）。水中的钙离子或镁离子浓度小于 1gr/gal 时，被认为是软的，当浓度超过 10gr/gal 时被认为是很硬的。

10.2 确定开式井的水量

水进入含水层的速率取决于当地的气象水文条件。地下含水层或饱和层的上沿称为地下水位。地下水位的高低根据岩石或土壤渗透性的不同而有所变化。地下水位的涨落还与一年中季节的变化，或降雨和融雪的数量相关。水井能够提供的水量即出水量，取决于含水层的规模、水井的类型，以及水泵的性能等。短期出水量取决于泵的流量，而长期出水量则取决于含水层的规模和类型（见图 10-4）。

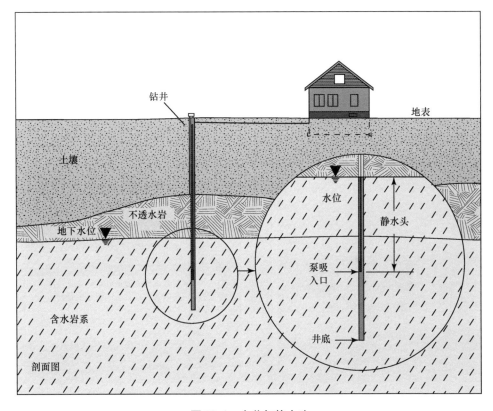

图 10-4 水井与静水头

在地源热泵系统的建造中，对井出水量和泵的性能进行测试是非常重要的，必须给予高度重视。将自家的井水抽干而对邻居的用水毫不关心，这不是一名业主应该做的。

以下信息可用来确定水井的性能：

1）静水位：静水位是指水泵停止时地面到井中水面的距离。

2）动水位：在水泵工作时，从地面到井水位之间的距离。

3）水位降：从静水位到动水位之间的距离。它是抽水引起的水位下降距离（见图 10-5）。

4）残余水位下降：在抽水前后水井静水位的差距。

5）井产水量：反映了泵水的速率，单位是 gal/min（1gal/min = 3.785L/min）。

6）比产量（单位涌水量）：将产水量除以水位降得到的数值，以 gal/(min·ft) 为单位 [1gal/(min·ft) = 12.418L/(min·m)]。该特性应在水泵工作一段时间之后（通常为 24h 之后）进行测量。

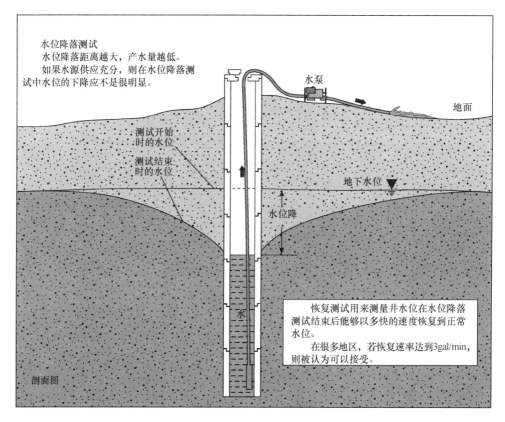

图 10-5　水位降

钻井者还可以进行其他形式的容量测试，来帮助确定井的容量和抽水速率。为了使水井达到合适的性能，钻井者必须在工作开始之前了解热泵的需求情况，包括流过热泵的水流量（gal/min）（见图 10-6）。平均来说，大多数热泵在制冷模式下需要的流量为 3～5gal/(min·RT)（RT 指冷吨，本书中 RT 为美国冷吨，1RT = 3.517kW），这需要水井的产水量达到 6～25gal/min。这些数字意味着，如果一台热泵的流量为 10gal/min，持续工作一天就会需要 14400gal 的水！

图 10-6　钻井者必须在工作开始之前了解热泵的需求情况
（包括热泵所需的水流量）

容量和冷吨数

当用冷吨（RT）来描述热泵的容量时，请记住 1RT 制冷量等于 12000Btu/h。

技术小贴士

水井容量

如果地能井经过测试无法达到所需的流量，就应该考虑闭式回路方案。

10.3　开式回路配置

如果确定各项条件适合建设开式地源热泵系统，就可以利用几种水井配置形式。如前所述，开式系统的水源可以来自现有水井或专用井。无论井的类型如何，大多数井都需要用潜水泵将水从含水层中抽取出来。这种泵通常位于水井套管的下部，浸没在含水层的地下水位之下。水井套管采用钢或热塑性塑料管道构成，能够防止土壤的塌落，还能防止来自地表水的污染。另外，大部分井都采用灌浆加固。灌浆是一种工艺，将类似混凝土的材料如膨润土泥浆注入套管与钻孔之间。当泥浆硬化之后，就会形成密封保护层，防止水井受到其他水源的污染。灌浆使得井的整体结构变得更加坚固，还能防止水井套管的锈蚀（见图10-7）。

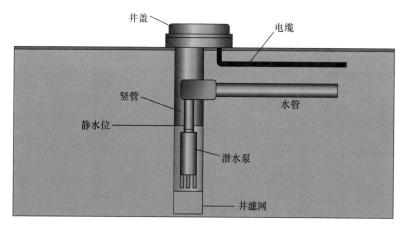

图10-7　基本钻井

当安装开式系统时，有多种水井配置方案可供选择。最常用的配置是：常规钻井、回灌井、循环单井和干井系统。

1. 常规钻井

有多种方法可以用来开凿常规井，这些方法包括：

1）撞击井：凿井过程利用了带有特制端头的空心钻杆，这个端头称为钻头，用于冲击地层。钻头上带有特制的滤网，用于滤除沉渣。撞击井的深度通常不超过50ft，具有中小产水量。如果地下有大量高密度岩石，则不建议采用撞击井。

2）浅钻井：应用螺旋钻来钻入地层，并将渣土带上地面。然后将套管塞入钻孔。浅钻井可以有较大的直径，适用于需要高产水量的场合。同撞击井一样，浅钻井不适合具有高密度岩层的地质结构。

3）完钻井：这种钻井工艺适用于多种条件，采用绳索（顿钻）钻具或旋转工艺来下钻。在冲击过程中，顿钻钻具将沉重的钻头升起后落入钻孔中，震松岩石和其他物质。

4）旋转钻井：这种方法利用一个旋转式钻头来突破地层，将渣土和钻浆混合，从钻孔中冲刷出来。当钻井过程结束后，将井套管插入钻孔中。旋转钻井是最适合地能应用领域的钻井方式。

2. 利用回灌井

回灌井用来将流过热泵套管换热器的水排入地下。图 10-8 所示为一个典型的回灌井系统。在使用回灌井时，应注意使不同类的井保持足够的距离，以防止供水和回水发生混合。如果间距不够，两类水发生混合，就会在不同的季节发生供水过热或过冷的现象。这种现象会严重影响热泵效率。建议井的间距应至少保持在 100ft 以上。而且，回灌井应至少与供水井有相似的规模或更大一些，以便处理回水。

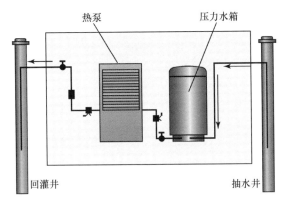

图 10-8　回灌井系统

3. 循环单井

如果地下含水层的水量不能满足标准地源井的需求，就可以采用循环单井或专用地能井（见图 10-9）。在这种配置方案中，供水和回灌水管道接入同一口井中。供水从井的上部抽取，进入热泵。回灌水管道口则接近井底，比抽水口低得多。这样一来，当回灌水重新接近抽水水位时，其温度已经被调和了，从而避免了与供水的过早混合。循环单井采用了一个排水阀，当热泵在峰值功率之下运行

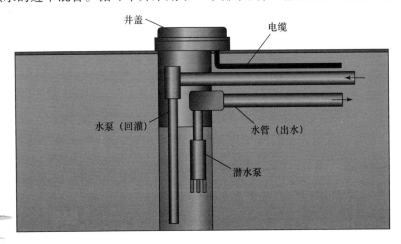

图 10-9　单井循环系统

时，该阀动作，将水井转变为传统的开式回路模式。典型循环单井系统的规模为40 ~ 50ft/RT 热泵容量。

4. 干井系统

干井用于在开式系统中进行排水（见图 10-10）。一般来说，简单的干井可以是填满了沙砾的大型蓄水池，所以最适用于沙质土壤地区。当回水流入干井后，就会透过沙砾渗入井中，最终回到含水层。

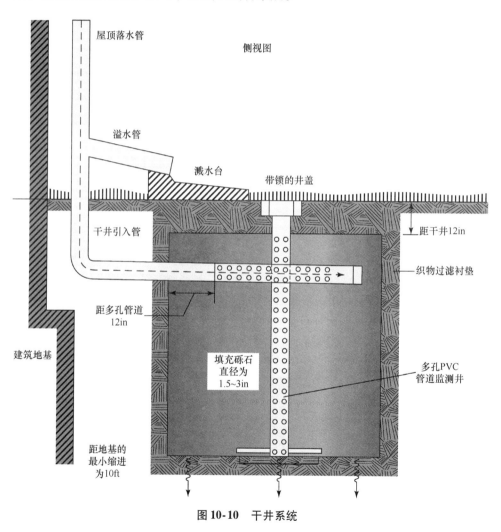

图 10-10　干井系统

10.4　压力水箱

压力水箱其实就是一个用于蓄水的小型压力容器。在所有的开式系统中，当仅需少量水时，压力容器可以充当水源从而防止水泵启动。频繁的启动过程会导致水泵的过早损坏。即便水泵停止工作，如果有制热或制冷需求，压力水箱也可以为系统提供足够的水。水箱中有一个橡胶囊，将空气和水隔开。水箱中的气体是压缩空气，可通过箱体接头对气压进行增减调节，这与汽车轮胎充气的原理类似。充气泵受到压力开关的控制。通常泵的开关设定值为：当系统压力下降到20psi 时启动气泵，当压力升高至 40psi 时断开气泵。图 10-11 所示为水井系统压力水箱的结构。

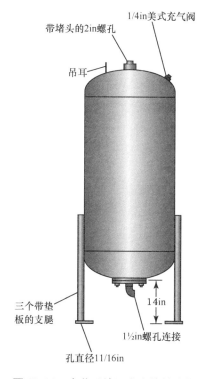

图 10-11　水井系统压力水箱的结构

 现场小贴士

井水的处理

　　请记住一点，如果将来自地源井的回水排放至地表，那么排放地应靠近溪流、池塘或湖泊。不合理的回水排放将导致邻居家的后院泛滥成灾，影响邻里关系。记住，在制热或制冷的季节里，开式热泵系统每天都会排放大量回水。当策划建造这类系统时，一定要注意对回水进行妥善处理。

10.5 闭式回路配置

另一种地源热泵回路的配置方案称为闭式回路系统。大多数闭式回路系统采用的管道是直径 3/4in 的高密度聚乙烯或聚丁烯管道。采用这类管道的主要原因是其具有较强的耐蚀性，同时还能保持较高水平的热交换能力。另外，当采用热熔工艺进行管道续接时，接点的强度甚至要高于原来的材料。管道内充满水或水和防冻液的混合溶液，并完全密封。溶液在回路内依靠一台小功率离心泵循环流动。热量在土壤和管道中的水和防冻液溶液之间发生转移交换。该管道与热泵机柜内的套管换热器相连，通过后者与制冷回路进行热交换。请记住，套管换热器由两条不同直径的同轴管道套接而成，制冷剂在外管流动，而水回路则位于内管。两种液体反向流动，进行所谓的逆流式热交换。同开式回路系统相比，闭式回路系统有如下优点：首先，不需要考虑开式系统中的排水问题。其次，地下水的质量也不会影响回路的性能表现。当地下水的供给量不足时，闭式系统给出了另一个解决方案。闭式系统有多种类型，典型的配置方案包括：竖直回路、水平回路、螺旋回路和池塘回路。

1. 垂直回路

当土地资源有限时，通常会采用竖直地埋回路（见图 10-12）。通常打井人员会开凿一些竖孔或竖井，其直径大约为 6in，平均深度为 150~250ft。钻井过程与开式系统类似。打井人员需要为可能遇到的土层条件进行准备，还需要为钻取出的材料即覆盖层做好准备（见图 10-13）。这些覆盖层根据当地的地质特点会有不同类型，从沙土到砾石甚至是基岩。应根据覆盖层的类型调整系统的方案。例如，如果在打井过程中遇到了极硬的覆岩，打井人员可以选择钻四口 100ft 深的井而不是一口 400ft 深的井。因此，在一些大型商业项目中，有时会先打一些探测孔用来分析土壤状况。

项目经理应当注意，当竖井深度增加时，管道内的流体静压力也会随之增加。在 340ft 的深度，地埋管内的压力将达到 120psi，再加上来自循环泵的压力，流体静压力可达 190psi。请注意：大多数用于闭式系统竖直地埋管的聚乙烯管的额定承压为 180psi。幸运的是，这种极端压力也许不是一个问题，因为来自于地埋管外部的极端压力形成了一个抵消压差。

多数普通垂直配置方案采用如下参数：3/4in 管道，系统单回路 1RT（冷吨）容量对应每条回路的深度为 150ft。管道的直径通常与井深有关，见表 10-2。

表 10-2　管道直径与井深的关系

井深/ft	管道直径/in
100~200	3/4
200~350	1
300~550	$1\frac{1}{4}$

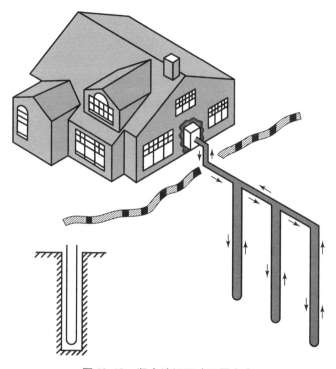

图 10-12　竖直地埋回路配置方案

图 10-13　竖直地埋回路的施工需要重型设备，以适应不同的覆盖层状况

当井孔完成之后，将聚乙烯管道插入孔中，并用发卡接口与地上回路的末端相连。然后用膨润土泥浆灌注井孔。这种特殊的泥浆材料有两种用途。它可以增强管道的热传导性，并确保防冻剂从管道中的泄漏不会造成地下污染。所有独立的竖直回路连接至一个集管，集管同样为聚乙烯管路，埋在地沟中，将地埋回路引回室内的热泵。

 懂得更多

垂直井的检测

在美国的大多数州，个人打井需要获得许可证。此外，越来越多的州要求对大地钻孔和所有竖直回路的热熔接点进行检测。这类检测的意义在于使地能系统的用户和打井人员免受地埋管泄漏导致的责任追究。

2. 水平回路

当项目可用的土地面积足够大，且没有大量岩石或地下砾石时，通常采用比竖直回路更经济适用的水平地埋回路。与凿井不同，这里采用反铲挖土机或挖沟机来挖掘地沟，通常地沟深度为6ft，长度为400~600ft。数条回路可在沟内并联或串联，并可铺设于不同深度。安装水平回路的最经济的时间是在建造房屋的早期阶段。此时可让土石方承包商在建筑地基或地下室的周边挖掘地沟并在埋管后进行回填。与竖直回路类似，各个水平回路需要由集管连接在一起，然后进入建筑物中。

当决定安装水平地埋回路之后，还应在串联或并联方式之间做出选择。串联回路沿着一条路径从起点到终点（见图10-14和图10-15）。这类回路通常用于最大容量不超过2RT的热泵系统，但是易于安装。选择串联回路带来的主要优点是管路中滞留的残余气体易于排出。对于闭式回路配置方案，排出管路中的所有气体是非常重要的一步。滞留气体可导致水管路中金属部件的侵蚀。此外，管路中的气体可能会形成气阻，从而阻碍水的自由流动，导致热交换效率的降低，从而对热泵的整体性能造成不利影响。

下面列出了串联回路系统的优缺点。

优点如下：

1）容易排出滞留气体。

2）流动路径得到了简化。

3）管道的热交换效率较高。

缺点如下：

1）需要大直径管道，因此增加了水与防冻液的需求量。

2）所需地沟的长度增加，导致挖掘成本上升。

图 10-14　水平串联单层地埋回路配置图

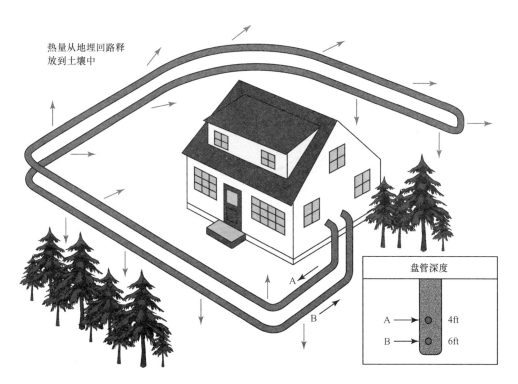

图 10-15　双层串联地埋回路配置图

注：管道填埋深度分别为 4ft 和 6ft。

3）管道导致的压降较大。

因为能够使用较细的管道，所以并联回路配置更加流行。这意味着管道成本的降低和管道带来的压降减少。然而，因为水溶液在并联管路中的流动路径变得更加复杂，因此如何排除空气变成了一个大问题。滞留空气带来的问题对并联回路和串联回路是一样的。请注意，每条并联路径的管道长度应当相等，以确保每条路径造成的压降相等。否则，长度最短的管道就会承担最大的流量，而最长的管道则会"吃不饱"。管道流量的不均衡会严重影响热泵的性能。在靠近建筑物的入口和出口位置，安装有大直径的集管。这些集管根据具体情况可能安装在室内或室外（见图 10-16）。集管有助于保证每条路径的流量和压力均衡。下面列出了并联回路系统的优缺点。

优点如下：

1）小直径管道降低了材料成本。

2）较短的地沟减少了开挖成本。

3）因为回路长度缩短，所用防冻液更少。

缺点如下：

1）复杂的路径使得空气的排出变得更加困难。

2）如果管路长度不相等，则水与防冻液的流量平衡就成了一个问题。

图 10-16　一个四管并联地埋回路配置方案

注：管道填埋深度为 3～6ft。

3. 螺旋式回路

图 10-17 所示为一个有趣的水平回路配置方案——螺旋回路。这类回路也称为线圈回路。

螺旋回路是一种水平回路，由重叠的圆形管道组成，看上去像是被展开压扁的弹簧圈。这种螺旋回路的一个优点是其紧凑的设计使得交换同样的热量所需的管路体积较小，因而可以安装在较短的地沟内，从而节省了挖掘成本。螺旋回路的线圈直径为 30 ~ 36in，每圈的间隔为 10 ~ 56in。这个间隔称为回路节距。节距的大小取决于系统采用紧凑型还是常规型方案。紧凑型螺旋回路的节距为 10in，相当于 1ft 地沟容纳 12ft 管路。通过采用紧凑型螺旋回路，用户可以比常规水平并联回路减少约 2/3 的地沟长度（见图 10-18）。

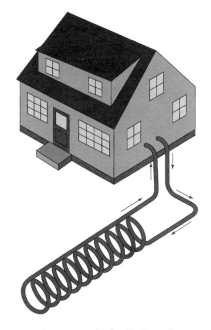

图 10-17　紧凑型螺旋回路

图 10-18　螺旋回路的安装施工

 绿色小贴士

空气分离器和自动排气口

当选择安装地源并联回路时，在每一条独立的管路上安装空气分离器和自动排气口是一个明智的选择。这样做能够有效防止滞留在管路中的空气带来的问题。

顾名思义，空气分离器在水流过该装置时能够将其中的空气分离出来。最新一代的空气分离器中采用了筛网（见图 10-19），当空气与其碰撞时能够黏附在上面。当大量气泡黏附在筛网上后，气泡就会增加体积，挣脱筛网，向上进入排气口。

自动排气口（见图 10-20）通常安装在空气分离器的顶部。该装置内有一个盘片，当遇到水后发生膨胀，从而将排气口密闭。然而，当空气聚集在盘片附近时，盘片干燥收缩，使得空气能够穿过排气口。当空气被水替代后，盘片又会膨胀，关闭排气口。

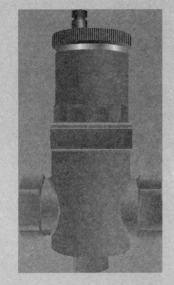

图 10-19　筛网空气分离器

图 10-20　自动排气口

4. 池塘回路

如果住宅或公司靠近类似池塘或湖泊之类的地表水体，那么池塘回路可以作为一种非常经济的方案来替代其他类型的闭式回路系统（见图 10-21）。

当采用这种类型的回路时，必须考虑一些因素。池塘或湖泊至少应有 8ft 深，管路必须布设在一定的深度以防止结冰，即便管道中注入了防冻溶液。大多数回路在水下距池塘底部不足 1ft 的地方。因为回路管道会漂浮起来（即便注入了防冻液），所以必须被压下去。一种办法是用铁丝网盖住整个池塘回路管道，这样可以保护管路，并且给整个长度的管道施加均衡的重量。应当注意池塘水体不应被池塘回路带来任何不利的影响。在池塘回路建设初期，聚乙烯管道是卷曲的，并被堆叠成数个独立的回路，然后将管道漂浮在池塘上面，再将其压入水中。抽水和回水集管必须根据回路所处的地理位置被埋在在当地的冰冻线以下。图 10-22 所示为池塘地能回路的安装施工场景。

5. 家庭热水回路

另一种热泵回路可用于为家庭提供热水。这种回路称为脱过热回路，其管路从热泵压缩机的热气排放管到独立的换热器。这种换热器也采用同心套管结构，

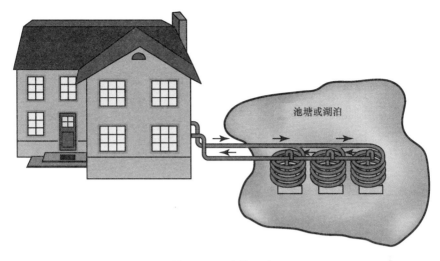

图 10-21　池塘回路

和热泵机柜中的换热器类似（见图 10-23）。

图 10-22　池塘地能回路的安装施工场景

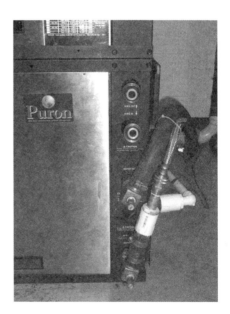

图 10-23　热泵上连接家用热水
的独立接口

　　家庭热水被水泵驱动流过套管换热器的内管，在流动过程中被外管中反方向流动的高温制冷剂所加热（见图 10-24）。当家庭热水被加热的同时，对高温制冷剂气体起到了脱过热的作用。通常这种配置方案可以满足大多数家庭的 100%

的热水需求。

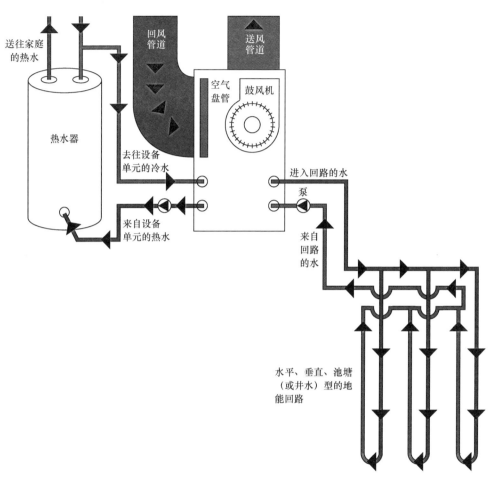

图10-24 采用同轴套管逆流式换热器的家用热水回路

第11章
地能应用系统的容量设计 ··········

为了成功地设计一个地能项目，应该遵循正确的步骤。很多时候，地能系统在安装完成后表现不佳，其原因是设计者没有进行谨慎合理的系统规模设计。为了成功安装热泵系统并使其有良好的表现，设计者应当了解掌握以下专业知识：

1）懂得精确计算热负荷的方法。

2）懂得正确设计风道尺寸和安装的方法。

3）能够利用相关知识选择合适的设备。

4）掌握计算有关地源回路规模的实践知识。

11.1 负荷计算

要想成功设计一套地能系统，首先应针对系统所应用的住宅或商用建筑进行精确的热负荷计算。通过计算，我们可以得到位于不同地理位置的建筑物的热损耗和得热量，了解建筑材料的类型，以及建筑物抵御不需要或不可控的室外空气渗入的能力。精确的负荷计算能够实现下列目标：

1）确保热泵的规模能够满足需要。

2）确保风道系统能够将正确数量的空气送往每一个房间。

3）确保地源回路具有合适的长度和规模。

4）能够以最低的运行成本提供最舒适的气候调节空间。

住宅和商用负荷计算分为两类：一是热损耗计算，用来确定制热量需求；二是得热量计算，用来确定制冷量需求。

11.2 热损耗计算

1. 热损耗简介

热量会从温暖处向寒冷处转移。由于这种自然现象，当室外温度比室内温度低时，无论采取何种隔热措施，建筑物都会损失热量。因此，我们很容易明白为何建筑物在冬季会变得寒冷（见图 11-1）。

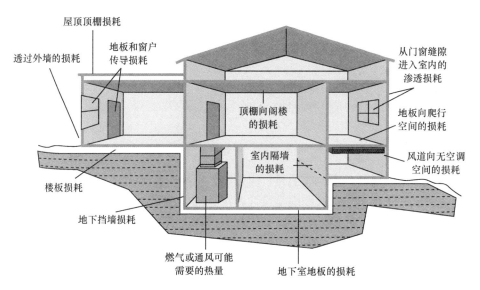

图 11-1 建筑物的多种热损耗特性

计算建筑物热损耗的典型步骤是：

1）根据当地条件和气象数据选择适当的室外计算温度（见表 11-1）。

2）选择在冬季条件下期望保持的室内计算温度。

3）确定房屋建筑材料的 R 值。

4）计算建筑物外墙的热交换率（Btu 损耗）。

5）根据室外冷空气透过房门和窗户的缝隙渗入室内状况计算热损耗。

6）根据通风需求和无空调空间风道情况计算热负荷。

表 11-1 部分美国城市在夏季和冬季的计算温度

地点		海拔/ft	纬度（北纬）/（°）	冬季		夏季				日较差（DR）
				制热99%干球	制冷1%干球	共期湿球	设计格令55%RH	设计格令50%RH	设计格令45%RH	
				计算温度/℉						
亚拉巴马州	亚历山大城	686	33	22	93	76	39	46	52	M
	安妮斯顿	612	33	24	93	76	39	46	52	M
	欧本	776	32	22	93	76	39	46	52	M
	伯明翰	644	33	23	92	75	34	41	47	M
	迪凯特	592	34	16	93	74	27	34	40	M
	多森	401	31	32	93	76	39	46	52	M

174

（续）

地点	海拔/ft	纬度（北纬）/（°）	冬季 制热99%干球	夏季 制冷1%干球	共期湿球	设计格令55% RH	设计格令50% RH	设计格令45% RH	日较差（DR）
			计算温度/℉						
佛罗伦萨	581	34	21	94	75	31	38	44	M
加兹登	569	34	20	94	75	31	38	44	M
亨兹维尔	629	34	20	92	74	28	35	41	M
莫比尔机场	218	30	30	92	76	41	48	54	M
莫比尔 CO	26	30	29	93	77	46	53	59	M
蒙哥马利	221	32	27	93	76	39	46	52	M
奥索卡 拉克尔堡	356	31	31	94	77	44	51	57	M
塞尔玛-克雷格空军基地	166	32	26	95	77	42	49	55	M
塔拉迪加	528	33	22	94	76	37	44	50	M
塔斯卡卢萨机场	170	33	24	94	77	44	51	57	M
埃达克 NAS	19	52	23	57	53	−18	−11	−5	L
安克雷奇国际机场	144	61	−9	68	57	−20	−13	−7	L
安克雷奇，埃尔门多夫空军基地	212	61	−8	69	57	−21	−14	−8	L
安克雷奇 理查森要塞	342	61	−13	71	58	−20	−13	−7	M
安妮特	110	55	17	70	59	−14	−7	−1	L
巴罗	44	71	36	52	49	−25	−18	−12	L
伯特利	123	61	−24	68	57	−20	−13	−7	M
贝蒂斯	643	67	−44	75	59	−22	−15	−9	M
大德尔塔，格里利堡	1277	64	−39	75	58	−27	−20	−14	M
冷湾	98	55	10	57	53	−18	−11	−5	L
科尔多瓦	42	60	1	67	57	−18	−11	−5	M
戴德霍斯	61	70	−34	61	54	−21	−14	−8	M
迪林厄姆	86	59	−13	66	56	−21	−14	−8	M
费尔班克斯国际机场	434	64	−41	77	59	−26	−19	−13	M

注：左侧竖排分组标签：亚拉巴马州（佛罗伦萨至塔斯卡卢萨机场）；阿拉斯加州（埃达克 NAS 至费尔班克斯国际机场）。

（续）

地点		海拔/ft	纬度（北纬）/（°）	冬季	夏季						日较差（DR）
				制热99%干球	制冷1%干球	共期湿球	设计格令55%RH	设计格令50%RH	设计格令45%RH		
				计算温度/℉							
阿拉斯加州	费尔班克斯，埃尔森空军基地	545	64	−31	78	60	−23	−16	−10		M
	格利纳	152	64	−31	74	59	−21	−14	−8		M
	古尔卡纳	1579	62	−39	73	56	−32	−25	−19		M
	荷马	78	59	4	62	55	−18	−11	−5		L
	朱诺国际机场	19	58	7	69	58	−17	−10	−4		L
	基奈	92	60	−14	65	55	−23	−16	−10		M
	科奇坎国际机场	88	55	20	68	59	−11	−4	2		L
	鲑鱼王	57	58	−19	67	56	−22	−15	−9		L
	科迪亚克	73	57	12	65	56	−19	−12	−6		L
	柯策布	11	66	−31	64	58	−9	−2	4		L
	麦格拉斯	337	62	−42	73	58	−23	−16	−10		M
	米德尔顿岛	87	59	21	60	51	−31	−24	−18		L
	尼纳纳	362	64	−44	76	59	−24	−17	−11		M
	诺姆 AP	37	64	−26	65	55	−23	−16	−10		M
	诺思韦	1716	62	−32	74	57	−29	−22	−16		M
	波特海登	105	56	−2	61	52	−29	−22	−16		L
	圣保罗岛	63	57	3	52	50	−22	−15	−9		L
	锡特卡	21	57	21	64	58	−9	−2	4		L
	塔尔基特纳	358	62	−21	73	58	−23	−16	−10		M
	瓦尔迪兹	120	61	7	66	55	−25	−18	−12		L
	亚库塔特	33	59	2	63	55	−20	−13	−7		L

注：L—大，M—中。

这种从温暖的室内到寒冷室外的热交换主要通过两种途径发生：传导和对流。当热量穿过建筑材料时发生了传导。如果建筑材料具有较大质量，热量转移自然也就会慢一些。这里的质量数反映了对热量转移的阻力，称为建筑材料的 R 系数。对流是通过气体或液体发生的热交换。在所有的建筑物中，由于一些不受控的寒冷空气会进入或者存在室内，所以会引起这种热交换。

影响住宅和商用建筑的主要热损耗类型有：传输损耗、渗透损耗、通风损耗和风道损耗。

2. 传输损耗

传输损耗是热量透过建筑外墙发生的转移。这种损耗是由于室内和室外之间自然的热量传导引起的。如前所述，建筑材料对这种热传导的阻力可用 R 值（热阻值）来表示（表 11-2 给出了不同建筑材料的 R 值）。然而，在热传递公式中使用 R 值时，容易出现因使用不当导致的错误。因此，在计算热负荷时经常使用材料的 U 值（热导系数）。材料 U 值反映了室内外温差为 1℉时，在 1h 内透过面积为 1ft^2 的材料的热量（Btu/h）。一种建筑材料的 U 值是其 R 值的倒数。例如，某种建筑材料的 R 值是 5（R-5），则其 U 值是 0.2（1/5 = 0.2）。具有较大 R 值的建筑材料会有较小的热损耗，与具有较小 U 值的材料产生了相同的效果。

表 11-2　不同建筑材料的 R 值

材　　料			厚度/in	密度/(lb/ft^3)①	R/[℉·ft^2/(Btu/h)]
建 筑 板材，包覆材料，平板	胶合板		0.250	34	0.31
			0.375		0.47
			0.500		0.62
			0.625		0.77
			0.750		0.93
	胶合板或软木板		1.00	34	1.25
	刨花板	低密度	1.00	37	1.41
		中密度		50	1.06
		高密度		62	0.85
		底板	0.625	40	0.82
	硬纤维板	中密度	1.00	50	0.73
		高密度		55	0.82
				63	1.00
	防水板		1.00	37	1.59
	纤维板	包覆板	0.500	18	1.32
			0.781		2.06
			0.500	22	1.09
			0.500	25	1.06
		贝克木瓦	0.375	18	0.94
			0.313		0.78
		隔声板	0.500	15	1.35
	层压纸板或纸浆板		0.500	30	0.30

（续）

材　料		厚度/in	密度/（lb/ft³）①	R/[℉·ft²/（Btu/h）]
膜材料	渗透型毛毡	—	—	0.06
	两层涂抹15Lb毛毡	—	—	0.12
	塑料薄膜	—	—	忽略不计
地板材料	木质底层地板	0.750	—	0.94
	地毯或纤维垫	—	—	2.08
	地毯或橡胶垫	—	—	1.23
	软木砖	0.125	—	0.28
	地砖或油毡	0.125	—	0.05
	水磨石	1.000	—	0.08
	硬木地板	0.75	—	0.68
顶棚或屋顶层面材料	纤维板瓦和嵌入板	0.50	18	1.25
		0.75		1.89
		1.00		2.50

① 1lb/ft³ = 16.0185kg/m³。

当知道 U 值后，就可以将其用于热传递公式：

$$Q = UATD$$

式中　Q——热损耗（Btu/h）（1Btu/h = 1055.075J/h）；

　　　A——建筑表面积（ft²）；

　　TD——室内和室外计算温差（℉）。

该公式用于计算建筑物内每个区域的热损耗，包括墙壁、门板、窗户、屋顶和地板，通常可以代入电子表格进行计算。

在美国空调承包商协会（ACCA）出版的数据表格中，包含有各类建材的 R 值和 U 值。这些信息可从下列出版物获得：手册 J（家用负荷计算）和手册 N（商用负荷计算）。这些手册还会将 U 值的影响和计算温差合并成一个系数，称为热传递系数（HTM）。这些数值也被列入各种表格之中，可以在进行精确负荷计算时减少各种数据的采集量。

关于 R 值和 U 值的附加信息也可从美国采暖、制冷与空调工程师学会（ASHRAE）得到。该协会出版的《ASHRAE 手册》（*ASHRAE Handbook of Fundamentals*）包含了有关内容，该手册还包含有各种类型建筑材料热传递参数的附加数据，以及对家用通风量的准确数量需求。

3. 渗透损耗

渗透损耗是由于非需要的空气从门窗缝隙中渗入建筑物内引起的。即便一个建筑物属于"气密型"，当室外门开启时还是会发生空气渗入。空气渗透带来的热损耗在整个建筑物的热损耗中可占相当大的比例。这是为什么要仔细测量这些变量以获得精确数值的原因。用于计算空气渗透热损耗的公式为

$$Q = CFM \times 1.1TD$$

式中　Q——热损耗（Btu/h）；

CFM——从室外渗透的空气量（ft^3/min）（$1ft^3/min = 0.028m^3/min$）；

1.1——将比热容和标准空气密度换算为 Btu/（℉·h）的常数；

TD——室内和室外的计算温差（℉）。

上式中需要被确定的变量是室外空气渗透量（ft^3/min），或称为 CFM。通常有两种方法可以计算这种不利的空气渗透。第一种方法称为换气法，用来估算室内 1h 更换的空气体积的倍数。在估算这个系数时可以用表格进行辅助计算。一所建筑质量很高的或"气密型"建筑物的换气量是 0.1/h，而一所四处透风的房子的换气量可达 1.5/h。当确定了这个系数后，就可以将建筑物地上空间的总体积乘以换气量，再将这个数值除以 60，就得到了 CFM 数值。

第二种计算渗入空气的方法是"缝隙"法。该方法首先确定门窗周围的缝隙长度（英尺数），再将其乘以估算缝隙的 CFM/缝隙长度。和换气法类似，也可以根据门窗的类型，用表格来确定这些参数。当 CFM 计算完毕后，就将其代入到空气渗透热损耗公式中。

还有第三种方法用来计算渗透热损耗，即鼓风门测试（见图 11-2 和

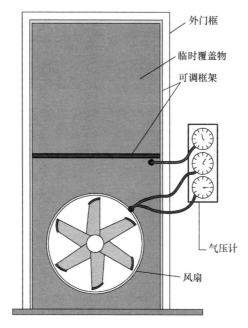

图 11-2　用于鼓风门测试的设备

179

图11-3）。这是一种应用广泛的测试方法。该方法采用了一个特制的排气扇和气压计来确定建筑物在一段固定时间内的压降。测试结果可用来确定该建筑物的空气渗透 CFM。

图 11-3　鼓风门测试的原理

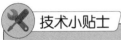技术小贴士

计算空气渗透量的注意事项

在计算空气渗透热损耗时，记住除了门窗缝隙之外还有很多影响渗透量的因素，包括：壁炉、无风门挡板的炉子和热水器的烟道、浴室和厨房的烟罩排风机，以及可能与炉子回风管相连的通风或补气管道等。

4. 通风损耗

通风损耗是指室外空气通过机械方式进入到空调空间所引起的热损耗。引发通风损耗的设备包括浴室排气扇或厨房的抽油烟机等。通过确定建筑物内每种排气扇的 CFM 数值，并将其代入空气渗透热损耗的公式，就可以计算出通风损耗。典型的浴室排气扇的通风量为50CFM，而厨房抽油烟机为100CFM。因为这些风机采用间歇性工作模式，所以在计算热损耗时并没有扮演重要的角色，但是为了得到一个精确的计算结果，还是要将其代入到总热损耗的计算过程之中。

5. 风道损耗

风道管路带来的热损耗包括由于接口密封不良带来的损耗，或由于管道穿过无空调空间导致的传导损耗。如果管道布设在加热的楼层空间，则管道泄漏损耗在总建筑物热损耗中并不占据重要地位。此时从管道中泄漏的空气对空间进行了间接加热，因此热量仍然得到了一定程度的利用。然而，商用建筑物中的风道接口处仍需要被严格密封，以防止泄漏影响热损耗的计算。

无论是住宅还是商用建筑，位于无空调空间的风道网路必须计入传导损耗，该损耗的大小取决于风道中的空气和无空调空间的空气温差。为此，必须在这些风道外部包覆隔热层。

11.3　得热量计算

在夏季，当建筑物千方百计想要保持凉爽的时候，门外的热空气却会想方设法钻入室内。因此，计算建筑物的得热量正是基于与计算热损耗相反的原因。然而，由于涉及的因素更多，因此得热量的计算更加复杂（见图 11-4）。影响热损耗的因素（传导、渗透和通风）同样会对建筑物的得热量产生影响。

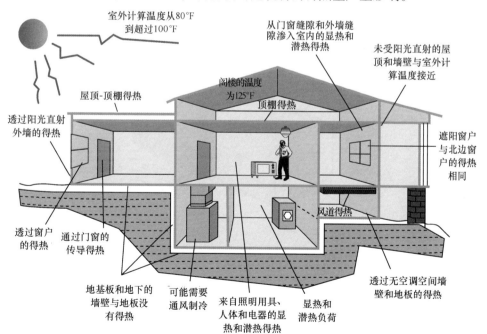

图 11-4　建筑物的各种得热特征

此外，当进行精确的制冷负荷计算时，必须考虑下列因素：

1）透过屋顶、墙壁和窗户的太阳辐射量。

2）来自室内人体、电器和照明的内部热增量。

3）必须去除空调空间内的湿气。

1. 计算太阳辐射得热量

太阳辐射得热量是太阳照射在屋顶、墙壁或透过窗户的辐射量。太阳辐照强度取决于下列因素：

1）建筑物的罗经方位。

2）建筑物的颜色。

3）窗户的遮挡状况。

4）一年中的日照时间。

5）一天中的日照时间。

建筑物的方位之所以能够影响太阳辐射得热量，是因为建筑物的北面比南面获得的太阳辐射要少（见图11-5）。因此，南面窗户的得热量要大一些。建筑物的颜色之所以能够影响太阳辐射得热量，是因为深颜色容易吸热，而浅色则会反射热量。因此，深色外墙建筑物的得热量要大一些。

图 11-5 建筑物的方位

窗户遮挡能够显著减少太阳辐射得热量。遮挡方式包括采用室内百叶窗和窗帘，以及采用室外的遮阳棚。

太阳辐射的角度对太阳辐射得热量也会产生很大的影响，这个角度会随着季节的变化而改变。因为太阳在天空中的高度在夏季比冬季要高，太阳辐射得热量及其对制冷负荷的影响会在 7 月和 8 月达到顶峰（这是北半球的情况——译者注）。对于一天来说，由于阳光照射在窗户上的角度原因，一天中的最大太阳辐射得热量发生在上午 10 时至下午 2 时之间。

2. 计算内部得热量

计算建筑物的热负荷时，另一项重要的因素是来自人体、电器和照明设备的内部得热量。当进行商用建筑的负荷计算时，这些内部得热量显得尤为重要。每个在室内久坐工作的人员的产热率大约为 300Btu/h。当进行激烈运动时，例如在健身房或保龄球馆，这个数字会高出很多。

对于住宅和商用建筑，来自电器的内部得热量有很大差别。厨房是住宅中内部得热的最大产生区域，通常产热率为 1200Btu/h。然而在商用建筑中，必须考虑计算机、复印机、传真机和咖啡机等设备，才能进行精确的负荷计算。

除了办公电器设备之外，照明电器也是计算内部得热量的重要考虑因素，尤其是在商用建筑中。尽管现代照明设备的能耗已经降低了很多，却仍然会产生热量。在计算电器设备和照明设备时，可将设备的功率乘以 2.31，即 1W 的电功率相当于 2.31Btu/h。

3. 计算潜热得热量

潜热得热量与空气湿度有关。根据建筑物的地理位置、室内人员的数量，以及室内活动的类型，潜热得热量可能成为制冷负荷计算中的重要因素。事实上，潜热负荷有时能够达到总制冷负荷的 1/3。在空气调节过程中，空气中的水分在蒸发器盘管表面冷凝，从而将潜热释放出来。这个过程并不改变空气的温度，因此无法用温度计来进行常规的测量，这是和显热测量的不同之处。但是也可以用 Btu/h 计量。在 70°F 时，将 1lb 水转化为水蒸气需要的热量约为 1070Btu。这个数值称为蒸发潜热，是计算除湿量的基本依据。在高湿度地区，如果制冷系统去除潜热的能力不足，就可能引起霉菌滋生的问题，因此计算建筑物的潜热负荷显得尤为重要。

 技术小贴士

利用计算机软件进行计算

一栋建筑物内的制热和制冷负荷可以用铅笔、计算器、电子表格和适当的公式来计算。然而，现在已经有很多软件能够使计算变得更加容易和准确。这些软件包括 Right-J（http://wrightsoft.com），Elite Software 公司的 Rhvac（http://elitesoft.com），以及 HVAC-Calc（http://hvaccomputer.com）。

11.4 风道的尺寸

当计算完建筑物的热负荷之后，就可以利用这些信息进行风道管网的设计，这些管道用于在地能系统中输送空气或进行气流循环（见图 11-6）。应当对这一阶段的施工特别加以注意。大多数原有的常规住宅的风道系统尺寸不足，无法满足现代地能系统正常工作所需的气流输送量。

图 11-6　必须注意地能系统风道的安装以确保其具有合适的规模

这是因为当地能系统处于制热模式时，送往空调空间的气流温度通常比常规采暖炉输出的空气温度要低。由于送风温度低，气流速度也比常规供暖系统慢一些。因此，地能系统使用的风道通常比一般的住宅和商用建筑系统的风道尺寸大一些。

与热负荷计算一样，ACCA 出版了专用手册，用于为住宅和商用场合设计风道系统。手册 D 用于住宅系统设计，手册 Q 通常用于商用场合的风道设计。

以下是风道系统设计的推荐步骤：

1）选择适当的空气分配系统。

2）根据计算结果为每个空间计算 *CFM* 值。

3）选择空气分配装置并定位。

4）根据气流速度要求设计风道尺寸。

5）计算系统的压力损失。

技术小贴士

地能应用场合的风道尺寸设计

由于地能单元送往空调空间的空气温度比大多数常规供暖系统的温度要低，在设计风道尺寸时请记住两个字："低"和"慢"。由于送气温度较低，气流速度要比常规系统慢一些以避免通风过度。为了补偿这种较慢的风速，应当设计合适的送气风扇，以保证将正确的空气量送入空调空间。

1. 空气分配系统

在住宅和商用场合有四种常用的风道配置方案，即径向风道、扩展增压风道、缩小扩展增压风道和环路风道系统。径向风道系统常用于小型单层建筑，可以安装在拥挤的空间或阁楼。该系统将气流直接从中央风机送往所有空间，缩短了管道长度。可以在径向系统中采用单回风道，从而提高安装工程的经济性。

扩展增压风道用于较长的建筑如农庄式住宅。扩展增压风道有时也称为主干风道系统，可以是圆形、正方形或长方形。较小的风道称为支路，与主风道相连，向各个独立空间送风。常规扩展增压系统的一个缺点是当气流到达主干风道的末端时速度减慢，可能会影响最后一个空间的制热或制冷效果。

缩小扩展增压风道系统是最常用的风道系统。其中的一个原因是该系统所需材料较少，从而节省了安装成本。另一个原因是其形状使得气流在通过风道时能够保持恒定的气压，从而在系统的空气分配和制热、制冷性能方面获得了更好的表现。通常，主风道在每 1/3 的长度之后或每 4 个分支之后可以缩减尺寸。

环路风道系统最适合混凝土预制板应用场合。风道管路安装在混凝土板之下，接近建筑的外墙，出风口紧靠着墙。当设备处于制热模式时，整个楼板都会被加热，所以很适合寒冷地区的单层建筑。图 11-7 所示为各种类型的风道管路系统。

 现场小贴士

在缩小扩展增压风道系统上安装支路接口

记住永远不要在缩小扩展增压风道系统的端盖上安装支路风道接口。这将引起动压下降从而造成静压损失。最好将支路安装在扩展风道的侧壁而不是末端。

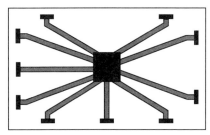

a) 增压或径向风道系统

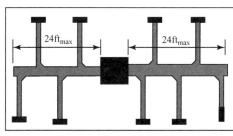

b) 扩展增压风道系统

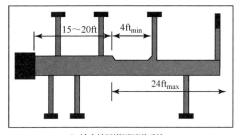

c) 缩小扩展增压风道系统

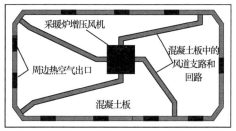

d) 在混凝土板中带有支路和回路的环路风道系统

图 11-7　各种类型的风道管路系统

2. 计算 *CFM* 值

为了使建筑物内的温度均匀，应根据制热和制冷负荷的计算结果计算每一个独立空间和风道支路的气流。如前所述，显热公式为

$$Q = CFM \times 1.1TD$$

式中　*Q*——热损耗（Btu/h）；

CFM——从室外渗透的空气量（ft³/min）；

1.1——将比热容和标准空气密度换算为 Btu/°F·h 的常数；

TD——室内和室外的计算温差（°F）。

当每个空间的 *Q* 确定之后，就可以用以下变形公式计算 *CFM* 需求量：

$$CFM = Q/(TD \times 1.1)$$

当用该公式同时计算制热和制冷负荷时，应选择较大的气流数值。

3. 选择空气分配设备并定位

为优化整个建筑物内的气流模式，送风与回风终端设备的选择和安置就显得至关重要。通常，送风风门位于或靠近外墙，最好安装在窗下（图 11-8）。

这种安装方式将产生一个沿着墙壁的气帘，从而减少窗口带来的传导和辐射影响。回风格栅位于内墙，能够在整个空间的送回风之间产生更加均衡的气流模式，减少空气滞留区的水平。在确定送回风终端设备的尺寸时应依据空调

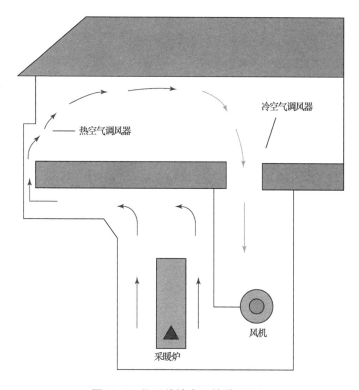

图 11-8　位于外墙窗下的送风风门

空间的 *CFM* 需求。ACCA 编制了手册 G 用以帮助为每个空间选择合适的终端设备。

4. 风道管路的尺寸设计

风道管路的尺寸选择应当依据所需的空气体积、气流速度和每条干路的静压。风道系统可分为低压、中压和高压系统。低压系统具有较低的气流速度和较低的静压。静压是系统被气流增压后，施加在风道每个区域的压力。动压是将空气提升至合适速度的所需压力。ACCA 手册 D 推荐的主风道持续风速为 900ft/min （1ft/min = 0.305m/min），支路风速为 600ft/min。支路风速不要超过 700ft/min，否则噪声就会成为一个大问题。ACCA 还建议为每 8000Btu/h 的热损耗或每 4000Btu/h 的显热得热的空间安装一个出风口。另一种对气流需求的交叉检验方法是为整个建筑物提供 400 ~ 450*CFM*/RT 的制冷量。每条 6in 圆形风道通常可以为空间输送 100*CFM* 的风量，每条 8in 圆形风道可以输送 200*CFM* 的风量。运用风道计算器可以帮助我们确定合适的风道管路尺寸（见图 11-9）。

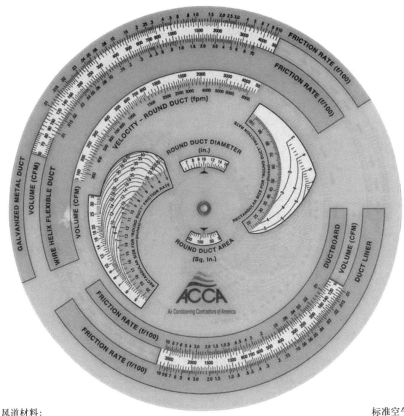

| 风道材料： | 标准空气 |
| 镀锌金属、柔性钢丝螺旋、风道板和风道衬套 | 海平面，70°F |

说　明	
对于*f*/100，采用*CFM*和*f*/100设计圆形风道尺寸	采用圆形尺寸和风速计算圆形风道中的*CFM*
对于给定的速度，采用*CFM*和速度设计圆形风道尺寸	将圆形尺寸转换为具有相同*f*/100的方形尺寸
采用*CFM*和圆形尺寸计算圆形风道中的风速	将直径转换为圆面积
采用*CFM*和圆形尺寸计算圆形风道中的*f*/100	方形风道面积和速度请见另一面

图 11-9　风道计算器实例

 懂得更多

测量风道气压

　　测量风道气压时，采用的设备包括压差计或 U 管压力计。压力测量单位是英寸水柱（in H_2O）（1in H_2O = 249Pa——译者注）。

　　水柱压力是指抬升一定高度的水柱需要的力。此处英寸水柱作为压力单位比 lbf/in^2（psi）更常用，因为风道内的压力较小。它们之间的换算关系为：1psi = 27.7in H_2O。

5. 计算系统的压力损失

空气在自然状态下做直线运动，然而，当需要系统气流改变方向或穿过障碍物时，就会发生压力损失。风道内部的摩擦也会造成压力损失。这些压力的计量单位是英寸水柱（in H_2O）。

典型的管道送风系统包含了许多管道配件，致使气流改变方向。这种气流方向的改变加上空气与风道接触发生的摩擦，产生了静压损失，必须被克服。此外，当空气流过滤网、换热器和蒸发器盘管时也会出现静压损失。风道损耗可以用摩擦表来计算。管道配件造成的压力损失可以通过制造商提供的图表或手册 D 进行计算。同时，空气过滤器和蒸发器盘管制造商印制的资料上也说明了这些设备带来的静压损失（见图 11-10）。

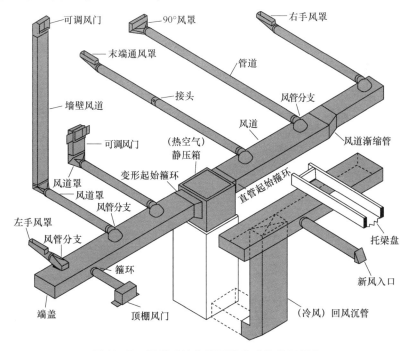

图 11-10 风道系统各种配件造成的静压损失

技术小贴士

利用计算机软件进行管道尺寸设计

同热负荷的计算一样，我们可以在大多数地能应用系统设计中采用计算机软件进行空气分配系统的精确计算。例如，使用 Elite Software（http://elitesoft.com）发布的 Ductsize 软件和 Right-HV Duct（http://wrightsoft.com）软件，可以保证管道系统的尺寸设计做到精准无误。

11.5 设备的选择

风道的尺寸和建筑物的热负荷分析都是为地能项目正确选择热泵的依据。首先需要做出的决定是，选择设备的主要依据是制热负荷还是制冷负荷。在北方气候条件下，制热需求远大于制冷需求，因此根据经验，设备的规模应为计算热负荷的65%～75%。在中间气候条件下，制热与制冷模式运行的时间几乎相等，这时应根据准确的制热负荷来确定热泵的规模，但是不要超过制冷负荷25%。在炎热气候条件下，制冷负荷是主要需求，热泵的容量应尽可能接近制冷负荷。无论设备的容量主要取决于制热负荷还是制冷负荷，都不要为补偿未知因素而增加设备的容量。过大的容量会使得设备频繁启动和关闭，从而降低其性能，并使得空调空间的舒适性降低，还会增加设备成本。容量超标还会缩短设备的使用寿命。为使设备容量接近最佳的制热或制冷负荷，可以选择具有两级运行功能的热泵作为补偿措施。这样，当建筑物的制热或制冷需求达不到满负荷时，设备会以部分容量运行。例如，如果热泵处于寒冷气候地区，并按照最佳制热负荷进行了选择，则两级或容量可调式热泵就可以在制冷季节运行在低级状态，避免了容量过大带来的危害和糟糕的表现。

当把热泵制造商提供的数据作为选择依据时，记住制热和制冷能力取决于从地埋回路进入同轴套管换热器的水温。对制热用途的热泵的选择应基于最冷的进水温度（*EWT*），而制冷状态则应基于最热的进入水温（见表11-3）。

水温根据地理位置和土壤类型而有所不同。无论系统是开式回路还是闭式回路类型，都可以参考这些标准。

关于设备选择的另一个问题是设备的平衡点。平衡点反映了系统能力和计算热负荷之间的关系。当热泵向某一空间输送的热量等于该空间流失的热量时，就达到了平衡点。当热泵在平衡点之上运行时，就会频繁启动和停止。当热泵在平衡点之下运行时，就会持续运行。大多数选择的设备都达不到冬季室外计算温度的平衡点（见图11-11），因为那样会使得设备过于庞大和昂贵。这个问题的解决办法是采用某种辅助热源。常用的辅助热源是电热丝加热器，这也是最昂贵的空间加热形式。相比其他常规类型的化石燃料加热器，电加热器的安装维护成本较低。同时，辅助加热装置在供暖季节的运行时间并不是很长。因此，采用小型地源热泵节省的资金要高于电加热带来的成本增长。

当根据冷热负荷需求选定了热泵之后，还要检查风机马达的*CFM*值以确保其处于合适的范围。确定该数值的方法之一是计算系统的额定风量。用下式可以

表 11-3 各种进水温度条件下地源热泵数据和性能（性能数据由 WFI 提供）

型号	容量模式	电动机	流量 gpm①	流量 cfm①	水环热泵回路 制热 EWT=68°F 容量/(Btu/h)	EER/[Btu/(h·W)]	制冷 EWT=68°F 容量/(Btu/h)	COP	地下水源热泵回路 制冷 EWT=59°F 容量/(Btu/h)	EER/[Btu/(h·W)]	制热 EWT=50°F 容量/(Btu/h)	COP	地埋热泵回路 冷却盐水 满负荷77°F 部分负荷68°F 容量/(Btu/h)	EER/[Btu/(h·W)]	制热盐水 满负荷32°F 部分负荷41°F 容量/(Btu/h)	COP
026	满负荷	ECM	8	950	26000	16.0	31000	5.5	29000	24.0	25300	5.0	27200	18.6	19500	4.2
	部分负荷	ECM	7	750	19500	18.6	22600	6.3	22000	31.2	18100	5.4	21500	26.8	16200	4.7
038	满负荷	ECM	9	1300	39000	17.2	42200	5.5	39400	24.1	34800	5.0	40200	20.1	27000	4.2
	部分负荷	ECM	8	1150	28000	20.1	30300	6.5	30500	32.1	24800	5.4	30100	30.0	22300	5.1
049	满负荷	ECM	12	1400	48300	15.8	57400	5.1	53200	22.7	47200	4.7	50000	18.0	37400	4.1
	部分负荷	ECM	11	1200	35900	18.1	41900	6.1	37800	28.3	34000	5.2	38700	25.1	31000	4.7
064	满负荷	ECM	16	1800	64500	16.2	72500	5.1	70700	22.7	56800	4.6	67600	18.0	45800	3.9
	部分负荷	ECM	14	1500	47000	18.2	51500	5.8	51500	29.3	39600	4.8	51100	25.6	36000	4.2
072	满负荷	ECM	18	2000	71000	15.0	86700	5.0	79900	20.4	67900	4.4	73600	16.8	54100	3.8
	部分负荷	ECM	16	1800	54000	16.6	63400	5.4	62200	26.0	51000	4.6	58800	23.1	45000	4.3
022	单负荷	ECM	8	800	20700	17.5	25300	6.2	23500	30.0	19800	5.3	21700	21.0	15000	4.0
	单负荷	PSC	8	750	20600	17.2	25000	6.0	23000	28.0	19800	5.0	21200	20.3	15000	3.8
030	单负荷	ECM	8	1000	28300	19.2	32700	5.8	31300	28.8	25800	5.0	29400	21.9	20000	4.0
	单负荷	PSC	8	900	28100	18.2	32700	5.5	30900	27.1	25800	4.8	29200	21.1	19800	3.8

（续）

型号	容量模式	电动机	gpm①	cfm①	水环热泵回路 制热 EWT=68°F 容量/(Btu/h)	EER/[Btu/(h·W)]	制冷 EWT=68°F 容量/(Btu/h)	COP	地下水源热泵回路 制冷 EWT=59°F 容量/(Btu/h)	EER/[Btu/(h·W)]	制热 EWT=50°F 容量/(Btu/h)	COP	地理热泵回路 冷却盐水 满负荷77°F 部分负荷68°F 容量/(Btu/h)	EER/[Btu/(h·W)]	制热盐水 满负荷32°F 部分负荷41°F 容量/(Btu/h)	COP
036	单负荷	ECM	9	1200	34500	19.6	38000	6.1	37200	30.1	30300	5.2	35000	22.0	24100	4.4
036	单负荷	PSC	9	1200	34100	17.6	37900	5.6	36300	25.7	30300	4.7	34600	19.6	24100	4.0
042	单负荷	ECM	11	1300	40600	19.2	44100	5.9	45200	29.5	34900	5.2	42000	21.4	27500	4.2
042	单负荷	PSC	11	1300	40100	16.6	44100	5.3	44600	24.5	34900	4.6	41600	18.6	27500	3.7
048	单负荷	ECM	12	1500	47000	17.5	55400	5.5	52000	26.1	45100	4.8	49300	19.7	35300	4.0
048	单负荷	PSC	12	1500	46400	15.5	55400	5.0	51600	22.5	45100	4.3	48900	17.3	35300	3.6
060	单负荷	ECM	15	1800	64300	17.2	69800	5.4	72000	26.1	55100	4.7	66800	19.5	43200	3.9
060	单负荷	PSC	15	1800	64000	16.0	69800	5.1	71700	24.6	55100	4.4	66800	18.5	43200	3.7
070	单负荷	ECM	18	2000	70600	16.0	84300	5.1	79100	23.8	66100	4.4	73200	18.2	52000	3.7
070	单负荷	PSC	18	2000	70600	15.1	84300	4.7	77500	21.6	66100	4.0	73200	17.2	52000	3.4

注：1. 制冷量基于干球80.6°F，湿球66.2°F进风温度。
2. 制热量基于干球68°F，湿球59°F进风温度。
3. 所有的设备运行电压为208V。
① gpm 为 gal/min 的缩写，cfm 为 ft³/min 的缩写。

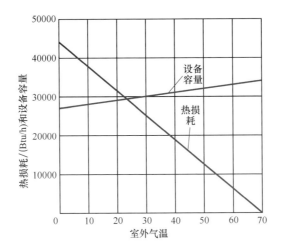

图 11-11　设备平衡点

注：该热泵的平衡点约为 22℉，在平衡点的左侧设计了辅助加热。

估算额定风量：

$$CFM = 显负荷 /(1.1 \times TD)$$

式中　显负荷——从以上例子中计算得到的制热或制冷负荷；

　　　1.1——常数；

　　　TD——通过设备单元的送风与回风的温差。

可以通过设定室内温度（即回风温度）和查看制造商的送风温度数据来确定计算温差。

11.6　回路规模设计

当确定采用闭式地能系统而不是开式系统之后，最后一步就是确定地源回路的规模。无论是选择竖直、水平、螺旋还是池塘回路，总有一些状况会限制所需的回路长度。下列条件将会决定所需的回路总长度。

1）热泵的制热和制冷能力。

2）热泵的性能参数（制热性能系数 COP，制冷能效比 EER）。

3）所用管材的类型。

4）当地地质和土壤状况。

5）当地在供暖和制冷季节的地理气象条件。

6）最低和最高设计进水温度。

热泵的性能取决于制造商的设备参数，所用管道的类型会决定热传导的能力。当地土壤条件可分为以下几类：

1）干燥轻质土壤。

2）潮湿轻质土壤。

3）干燥重质土。

4）潮湿重质土。

5）渍水土壤或岩石。

可以采用随机抽样分析的方法确定回路安装地区的土壤类型。当地的农业推广服务部门可以提供土壤样本分析服务。

当收集完信息之后，就可以将其代入一个复杂的数学公式之中，计算合适的回路长度。幸运的是，同冷热负荷计算和风道计算一样，可以利用计算机程序使回路长度的计算变得更加容易。现在这些程序包括俄克拉荷马州立大学的 CLGS（http://igshpa. okstate. edu）、Right-Loop（http://wrightsoft. com）和 Elite Software 公司的 ECA（http://elitesoft. com）。

 现场小贴士

基于配置的平均回路长度

以下列出了一些由不同配置决定的典型回路长度：

竖直：130～300ft/RT，取决于土壤条件；

水平：400～600ft/RT；

螺旋：200～300ft（地沟）/RT；

水平平行式：假定一条回路/RT。

第12章
地能系统的安装与启动 · · · · · · · · ·

12.1 安装实践

当选定了合适的热泵型号，并且确定了地源回路的位置后，下一步的重要工作就是正确安装室内设备并将其投入使用。正确的安装和使用流程将确保热泵处于最佳性能状态，并使未来的维护工作易于开展。本章将介绍实施成功的安装所需的适当步骤。

1. 可及性与位置

此处主要指新设备的安放地点，通常在住宅的地下室或商用建筑的设备机房。安装人员应严格遵守制造商提供的安装说明书，并使得设备在未来易于维护（见图12-1）。应当有足够的净空间来拆卸热泵的检修盖板以更换过滤器，还要便于水路和各种管路的连接。应将设备单元的安装位置稍微抬离地面，以防止漫水事故对其造成影响。

2. 风道连接

检查风道系统确保其尺寸和安装正确（见图12-2）。

这项工作包括对所有经过阁楼或狭窄空间的风道进行密封和隔热处理（见图12-3）。应确保有足够的空间满足管道过渡、回风下降、过滤器托架和弯头安装的需要。建议将

图12-1 热泵的安装应便于日后的操作维护

送风管道与主静压箱进行柔性连接（见图12-4）。这样会减少不必要的振动被管道系统放大的机会。如前所述，应确保管道系统的尺寸满足送回风的需要。大段的风道通常包含一个横接头。

图 12-2　在启动热泵之前应确保风道安装牢固

图 12-3　应对金属板的接缝处进行适当密封以防止漏气

图 12-4　应采用柔性接头以消除振动和噪声

3. 电气连接

应遵循当地和国家的电气规范进行线电压和低压线路的连接。请参考制造商提供的安装资料来确定合适的电线规格、熔体规格和接地方案。线电压断路开关设备的安装位置应距离设备单元 3ft 之内，以方便日后的操作和维护工作（见图 12-5）。

应确保供电电压的读数处于设备铭牌额定值的 ±10% 之内。电工应当具有丰富的实用知识来使用万用表测量电压和电流，并检查线路的联通情况。其他布线方面需要考虑的事项请参考 2011 年美国国家电气规范（NEC）。

所有的低压控制线路应当采用硬质或多股铜线，最小尺寸为美规 18 号。控制线通常以 4~8 根线为一组捆扎成

图 12-5　主断路开关应距离设备单元 3ft 之内以便于操作和维护

线束，所需数量取决于设备的数量，以及热泵的功能和特性（见图 12-6）。

图 12-6　连接温控器的控制电缆通常由 4~8 根电线组成

建议在布线时预留 1~2 根导线，以便在出现线路中断或日后需要为热泵增加附属设备时使用。应避免续接控制线，因为这可能带来断路的风险，对线路联通性带来不利影响。一些带有固态电子元件的温度控制器需要屏蔽电缆。可以向制造商咨询有关控制电缆的要求。

4. 排水管道连接

热泵的室内盘管下方应装有冷凝排水管，并与带存水弯的排水管连接（见图 12-7）。存水弯可以防止水倒流至盘管，而当气流冲过冷凝水盘的排水孔时就可能发生这一现象。冷凝水管至少是直径 3/4in 的 PVC 管道，通向下水口的坡度至少应达到 0.25in/ft。

图 12-7　室内盘管应与带存水弯的排水管连接

如果热泵安装地点没有下水口，则应安装一台冷凝水泵。该泵包含一个集水槽和一个浮动开关，用来将冷凝水盘中的水排放至最近的下水口。切记在安装冷凝水泵时安装一个止回阀，尤其是在冷凝水被竖直泵出的情况下。

　绿色小贴士

控制装置电缆的颜色代码

技师们应当牢记连接温控器与热泵的电缆标准颜色代码。热泵、采暖炉和空调所用的电缆标准颜色代码如下所述：

1）红色：温控器的公用线（从热泵至温控器的 24V 供电线）。

2）白色：制热电线（可能是热泵的辅助加热电线）。

3）黄色：制冷电线（通常是热泵压缩机的供电线）。

4）绿色：风扇与风机电线。

5）橙色：换向阀电路的电线（该电路控制制热和制冷的切换）。

其他的电线可能用于辅助设备，如加湿器或室外气温传感器。请认真阅读制造商提供的资料，以确保温控器的线路连接正确。

5. 地源回路的连接

所有的地源回路管道由聚乙烯或聚丁烯材料制成。所有的地埋接头均应通过热熔方式连接。不应在地埋管路中使用镀锌或钢制接头，因为这类材料易被腐蚀。不要使用塑料-金属螺纹管件，这种连接形式可能会在土壤耦合的应用场合产生泄漏风险。穿过外墙的地源管路应当合理地连接至热泵，并将穿墙孔洞用防水粘接剂或水硬水泥进行密封，以防止地下水的渗入，并将墙壁进行保温隔热处理（见图12-8）。

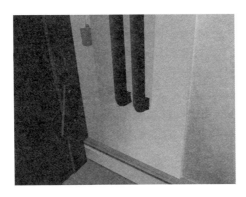

图 12-8　穿过外墙的地源管路

可在热泵的管道进出口使用 P/T 塞（Pete's Plug®，见图12-9）。这些装置用来测量水流过设备单元的压差，从而能够帮助确定适当的流量参数。根据压力读数，通过制造商提供的换算表，可以获得水流数据。另一个办法是安装流量计而不是 P/T 塞（见图12-10）。该装置可以方便地监测流过换热器的水流，以确保正确的流速。

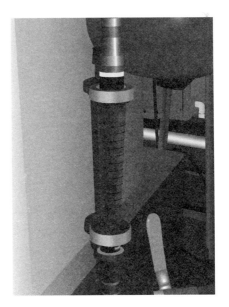

图 12-9　P/T 塞　　　　　　　　　**图 12-10　流量计**

懂得更多

什么是 P/T 塞？

P/T 塞即 Pete's plug®，能够测量地源回路水管的压力和温度值。该装置其实是一种阀门，是具有 1/4in 管道螺纹的黄铜阀。一根 1/8in 插针（类似给篮球和足球充气用的气针）插入塞体用来取出压力和温度读数。该塞和一个自闭阀一起使用，可在插针移动时迅速进行密封。P/T 塞是在 1965 年由查尔斯 D. 彼得森（Charles D. Peterson）发明的。

还应当在管道的入口和出口都安装手动截止阀，以实现隔离的目的。这些阀门应当采用球阀而不是闸阀（见图 12-11）。闸阀的阀座通常会在使用一段时间后出现锈蚀，在维护过程中，当需要关闭阀门时会出现水透过闸体（闭合不严）的现象。在热泵首次启动之前，应当对地源管路进行冲洗，并注满防冻液和水。然后除去回路中的所有空气，通过调节水泵获得适当的流量。用于冲洗的小车有时也可用于地源管路的注液和排气。

图 12-11 截止阀应采用球阀而不是闸阀

6. 系统气流

当热泵启动之前，应对系统气流进行检测。此时将温控器开关设定为"通风"，然后用压力计、压差计（见图 12-12）对气流进行测量，或用风速计（见图 12-13）记录气流速度。

当获得风速之后，用下列公式计算 CFM 或换气率（ft^3/min）：

$$CFM = 风速 \times 风道开口面积$$

过高的风速会引起穿堂风，使室内人员感觉不舒适。如果风速过低，热量分配效率就会降低，系统部件的磨损会加剧，从而导致过早损坏。

图 12-12　用来测量流过风道气流的压差计

图 12-13　用于测量风道气流速度的风速计

7. 制冷事项

最后，还应检查系统的制冷剂充注量是否正确。制冷剂过多与制冷剂不足都会带来危害，在有些案例中，系统的制冷剂量甚至超标 100%！错误的制冷剂充注量会使系统效率降低 5% ~20%，还会引发早期故障，带来本可以避免的维修费用。记住大多数地源热泵含有临界数量的制冷剂，这意味着将冷媒压力表连接至热泵是最后的措施（见图 12-14）。在任何时候，将普通的歧管式仪表与系统进行连接和拆卸，都有可能通过软管损失数盎司［盎司的符号为 oz，1oz（常衡）=28.35g］的制冷剂。

应当注意，安装技师必须获得美国环境保护署（EPA）的资格认证后才能对制冷剂进行处理。1990 年《清洁空气法案》（CAA）第 608 节列出了对消耗臭氧层制冷剂的回收利用措施，还制定了用于回收利用和处理制冷剂的设备标准。相关技师应通过笔试才能获得环保署第 608 节的认证。

图 12-14　为防止制冷剂从系统中流失，只有在不得已时才将冷媒压力表连接至热泵

绿色小贴士

R-22 制冷剂与 R-410A 制冷剂

多年以来，R-22 制冷剂一直被应用于空调系统和热泵，并获得了巨大的成功。然而，出于对温室气体排放和臭氧层消耗的担忧，自 2010 年 1 月 1 日起，R-22 制冷剂在美国被禁止生产。为了替代 R-22，制冷业界研发了 R-410A 制冷剂。相比 R-22，这种替代制冷剂具有较高的 Btu/lb 值（1Btu/lb = 2326.054J/kg），从而可以提高热泵的效率，尤其是在美国寒冷地区的使用效果更加明显。目前 R-410A 制冷剂已经成功取代了 R-22。然而成功的背后也存在问题。R-410A 的运行压力比 R-22 高出 75%。例如，为达到 40℉ 的蒸发器盘管温度，R-22 的运行压力约为 68psi。然而为达到相同的盘管温度，R-410A 的运行压力将达到近 118psi！当对 R-410A 系统进行操作时，为确保安全，技师必须对这种较高的工作压力有明确的认识，并使用正确的设备和工艺以避免人身伤害（见图 12-15）。

图 12-15　R-22 与 R-410A 制冷剂罐

12.2　启动程序

当热泵安装完毕后，下一步就进入启动程序。这个步骤对于热泵的正确运行和保持长期健康状态至关重要。以下是为了确保成功启动运行而应遵循的典型工作步骤：

在设备单元真正运行之前，应确认主电源已经加载至设备单元 24h 以上，以使曲轴箱加热器工作。这一步是为了确保在压缩机的曲轴箱中没有残存的液态制冷剂。下一步，对设备单元进行最后的外观检查，确保风机叶轮运转灵活，所有电连接器连接牢固，风道连接正常，回路连接可靠，各种检修盖板处于正常位置（见图 12-16）。

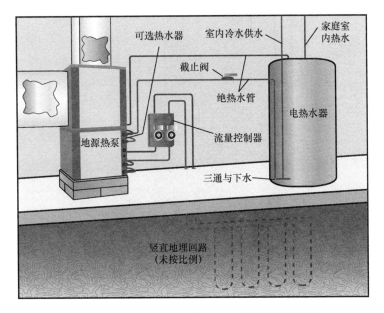

图 12-16　在初次启动之前应对系统进行最后检测

图 12-17 所示为设备最终安装实例。

当执行启动程序时，应遵守下列步骤：

1）接通主电源。

2）将温控器设置在"手动通风"位置。

3）当风机启动后，检查通过空气分配器的气流是否合适。

4）检查风机的电流，确保其处于正常范围。

5）将温控器设置在"自动"位置，风机断电。

6）将温控器设置在"制热"位置，并使设置温度高于室温。

7）检查并确保：压缩机工作（可能有延时器进行延时，需要等待片刻）；风机工作；水流过换热器。

8）检查压缩机的电流，将其与制造商提供的说明书参数进行对比。

9）测量水流，判断是否处于正常范围。

10）确认室内盘管有足够高的升温。

11）对于制冷模式，重复上述的步骤。

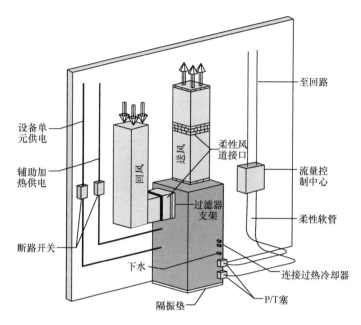

图 12-17　设备最终安装实例

12.3　地源热泵的其他用途

到目前为止，所有的讨论聚焦于利用地源热泵进行空气调节的应用领域，这称为水-空气热泵系统。然而，另一种地能应用——水-水热泵正在普及，可用于多种不同的用途，下面将对此进行介绍。

水-水热泵利用了两条同心套管换热器而不是一条，适用于开式或闭式系统（见图 12-18）。

与采用热水盘管和风机将热空气分配至空调空间不同，这种第二类换热器将热水泵至地板安装式管网，如地辐热系统（见图 12-19）。水-水热泵的应用范围包括热水浴缸、水疗浴池、泳池和家用热水。

有很多种以合理成本获得热水的方法。当水-水热泵工作在制热模式时，地埋管路扮演了蒸发器的角色。第二换热器则通过加热水而发挥了冷凝器的作用。

当把水-水热泵用于多区域地辐热系统时，可能会遇到只有一个或两个区域需要供暖的情况。此时流过第二换热器的水流将受到限制，使得在系统的制冷侧出现高于正常值的水头压力，从而造成潜在的停机风险。为解决这一问题，通常在系统的冷凝水侧采用缓冲罐（见图 12-20）。

缓冲罐是一个贮存容器，接收来自冷凝器的水，为热水分配系统提供热水。

图 12-18　作为热水供暖系统一部分的水-水热泵

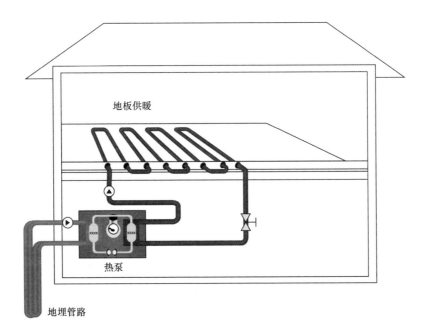

图 12-19　水-水热泵系统的换热器配置实例

通过这种配置，热泵能够通过系统的反复启停保持缓冲罐内的水温恒定。还有两台水泵用于系统的冷凝侧。其中一台水泵将热水从冷凝器送往缓冲罐，另一台将热水从缓冲罐分配至供暖区域用于气温调节，该次级泵能够被独立区域的温控器所控制（见图 12-21）。

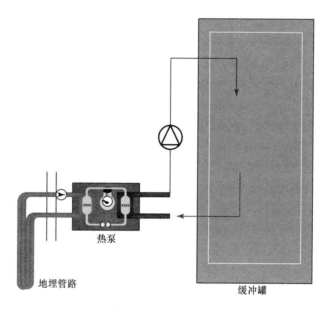

热泵

地埋管路

缓冲罐

图 12-20　位于热泵和建筑物供暖设备之间的缓冲罐

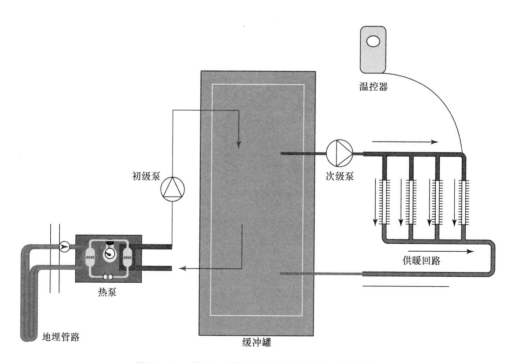

温控器

初级泵

次级泵

热泵

供暖回路

地埋管路

缓冲罐

图 12-21　热泵、缓冲罐和供暖回路之间的连接

当其中一个区域有供热需求时，该空间的区域阀门打开，次级泵启动。随着更多的区域需要供热，返回缓冲罐的水温将会降低，使得热泵开启时间更长，以保持缓冲罐内的设置温度。

案例研究：成功的改造

为了降低日渐升高的家庭供暖丙烷燃料费用，住在密歇根州米德尔维尔的加里和罗伊斯·范杜因对安装地源热泵的可行性进行了探索。不巧的是，他们原有的系统是一台常规热水锅炉，这使进行地源热泵和空气侧系统改造看上去有些不切实际。然而在 2003 年，他们深信安装一套全新的风道系统和全新的闭式地源热泵系统在经济上是划算的。

通过当地电力合作团体大湖能源（Great Lakes Energy）的帮助，他们选择了英可尔（Econar）公司的 GV36 型热泵，其容量约为 36000Btu。为了充分利用后院土地，他们决定采用经济实用的闭式配置方案，布设地埋螺旋回路（见图 12-22）。

整个项目开支为 12545 美元，其中 3600 美元用于地埋管路的安装施工。作为节省开支的鼓励措施，大湖能源在原先的电能表旁边安装了一台专用电能表，用于计量热泵的耗电量（见图 12-23）。

由新电能表计量的热泵耗电量将能够得到 30% 的费用折扣。作为交换，范杜因允许新电能表断续工作。该专用电能表还可以使得加里和罗伊斯能够看到使用地能所节省的费用。

图 12-22　布设地埋螺旋回路

起初估计的投资回收期约为 6 年，但加里说实际时间要短一些。他的 1 月和 2 月平均采暖费用约为每月 60 美元，这两个月也是密歇根州最冷的月份。原来的锅炉仍在运行（见图 12-24）。范杜因偶尔用它供暖，有时在室外气温特别寒冷时也会使用一下。然而，加里和罗伊斯认为即便没有这台锅炉也不会有什么问题。

图 12-23　热泵专用电能表

图 12-24　热泵安装在水锅炉旁边

第 4 篇

生物质：把木材、玉米和木质颗粒用作采暖燃料

Chapter 13

第13章
把生物质用作采暖燃料⋯⋯⋯⋯

13.1 概述

    人类利用固态燃料取暖已有数千年的历史了。然而随着现代采暖炉的出现，采用固态燃料的设备如木柴炉和木柴采暖炉，似乎已经被逐渐淘汰。使用木柴炉时，人们需要费力地劈柴、生火、照看炉火并从炉底掏炉灰。而如今需要供暖时，我们只需轻松调节一下温控器，然后就可以走开不管了。现在仍在家中保留的烧木柴的唯一设施就是壁炉，然而壁炉的作用更多体现在美学装饰方面而非真正用于采暖。

    自从能源开支逐渐成为家庭和公司的主要预算项目，上述状况已经发生了改变。随着各种化石燃料如煤炭、天然气、燃料油和丙烷的价格不断上涨，寻找供暖燃料的替代物变得越来越有意义。还有什么比可再生能源更好的选择吗？

    根据定义，生物质燃料是一类来自有机体的燃料。这类燃料可用于多种用途——从家庭采暖到汽车工业等。这类能源可分为生物质废弃物和能源作物。能源作物用于将生物质转化为某些能源产品（如生物柴油），可用于替代石化柴油，驱动货车和重型设备。用于采暖的生物质五花八门，从玉米、木质颗粒到樱桃核等。请不要将作为热源的生物质同生物燃料混淆，后者是从生物质加工制取的燃料，例如从玉米加工制得的乙醇。本章把生物质作为一种采暖原料，并对如何使用这种原料为住宅或商用建筑供暖进行讨论。在当今世界，有多种有机原料可用作采暖燃料。

13.2 用于采暖的生物质原料

    当选择一种用于住宅或公司供暖的替代能源时，很重要的一点是懂得如何有效地将这种燃料用于正确的燃烧设备，并确保燃烧设备在使用过程中的安全，并符合相关规范要求。

作为可再生采暖燃料的最常见的替代能源包括：木柴、玉米、木质颗粒和其他来源（如樱桃核、黑麦和小麦）。

1. 木柴的特征

用木柴作为采暖燃料十分经济，与化石燃料相比，对环境的影响较小。它既可以作为建筑物供暖的单一燃料，也可以为已有的主能源供暖方式提供补充。根据所用的木质，木柴可能是现有单位热量成本最低的燃料。

木柴的主要成分是纤维素，即绿色植物细胞壁的主要结构成分，也是地球上最常见的有机化合物。木柴约有 88% 的质量分数是纤维素和木质素，后者将纤维素结合起来形成坚硬的细胞壁。在树木健康成长时，其含水量达到其总质量的 1/3～2/3。然而在彻底风干之后，木材的含水量仅为总质量的 15%。记住这一点很重要，因为木柴的含水量决定了其是否能够有效并高效地燃烧。事实上，彻底干燥的木柴因为含水量较低而能够多产生 20% 的热量。

木材可大体被分为硬木和软木。硬木树木包括橡树、枫树和白蜡树，而松树、云杉和雪松则属于软木。懂得这一点很重要，因为不同的树种决定了其干燥木柴的 Btu 值。注意表 13-1 列出了各种类型的树木及其木柴热值，单位为 MBtu/cord（cord 为考得的符号，是木材堆的体积单位，1cord = 128ft³ = 3.625m³）。表 13-2 还将木柴与其他采暖原料每 MBtu 热量的成本进行了对比。

表 13-1　风干木柴的每考得质量和每考得 Btu 值与等效 2 号燃料油的加仑数

类　　型	每考得质量/(lb/cord)	每考得 Btu 值/(Btu/cord)	等效 2 号燃料油的加仑数/gal
白松	1800	17000000	120
山杨	1900	17500000	125
云杉	2100	18000000	130
白蜡树	2900	22500000	160
北美落叶松	2500	24000000	170
软枫	2500	24000000	170
黄桦	3000	26000000	185
红橡	3250	27000000	195
硬枫	3000	29000000	200
山胡桃	3600	30500000	215

注：1lb/cord = 0.125kg/m³，1Btu/cord = 291.087J/m³。

表 13-2　木柴的热值与其他采暖原料的对比

类　　型	单　　位	每单位的热值/Btu	每单位的价格/美元	每 MBtu 的成本/美元
2 号燃料油	gal	144000	2.60	18.06
天然气	100ft³	100000	1.03	10.30
丙烷	gal	92000	2.15	23.37
电力	kW·h	3410	0.10	29.33
混合硬木	cord	25000000	200.00	8.00
新蒸汽	1000lb	1000000	28.00	28.00

 懂得更多

如何计算每 MBtu 的供暖成本

对采用不同燃料的供暖成本进行有效对比时，应该既考虑燃料的热值也考虑该燃料的单位价格。利用下面的公式，我们可以对任意给定燃料的 MBtu 成本进行计算：

$$\frac{1000000 \times 燃料的单位价格}{燃料单位热值（Btu）} = 该燃料每 MBtu 的成本$$

显然，木柴是很经济的热量来源——倘若房屋主人有一片属于自己的树林（如小林地或森林）时更是如此。木柴炉是燃烧木柴的最常见也是最经济的途径（见图 13-1）。木柴炉可以安放在任何地点，只要设备旁边有足够的净空间和与之相连的烟囱即可。1cord 木柴是 4ft 宽、4ft 高、8ft 长的木柴堆（见图 13-2），它是木柴购买和销售的单位。1cord 木柴可以是劈开的或未劈开的，也可以包含多类树种。因为木柴是按体积而非质量销售的，1cord 劈开的木柴会更多一些，因为其表面积更大（见图 13-3）。当在室外贮存时，请务必对木柴进行遮盖以防止恶劣天气的影响，但应保持木柴堆的通风以使其干燥。木柴通常在新鲜时就被劈好了，但只有干燥后才能正常燃烧。

当把木头作为燃料时，最大的问题是燃烧尚未干透的木柴。这会导致不完全燃烧，致使木馏油在烟囱和木柴燃烧设备内聚集。木馏油在热的时候是一种黏稠的黑色液体，当烟囱或烟道的温度降至 250℉ 以下后，木馏油就会在其表面凝结。当冷却之后，就形成了类似焦油的物质，覆盖在烟囱或燃烧设备的内壁。木馏油的积聚会带来危险。它非常易燃，会引发烟囱火灾，甚至引起室内起火。为防止木馏油的积聚，只能燃烧干燥的硬木柴，并保持烟囱内的高温。同时，当使用室内木柴燃烧装置时，应尽可能缩短炉子至外墙之间的炉烟管的长度。炉烟管应具有最少 1/4in/ft 的水平坡度（见图 13-4）。这将有助于保持炉烟管的升温并将废气排入烟道。

图 13-1 木柴炉是燃烧木柴获取
热量的最常见装置

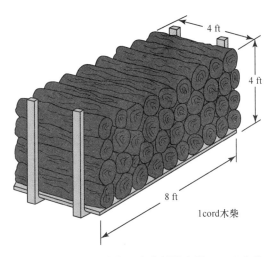

图 13-2 整齐堆放在垂直木板桩内的 **1cord** 木柴

图 13-3 每考得劈好的木柴具有更大的表面积

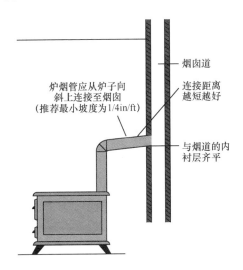

图 13-4 在木柴炉和外墙之间始终保持向上的炉烟管

懂得更多

木柴是如何燃烧的

木柴的燃烧分为几个阶段。首先，木柴达到燃点，此时大多数水分被脱出。接下来，当温度升至 500℉时，木柴的化学成分发生断裂，挥发性成分被释放出来，以 1100℉的温度开始燃烧。最后，木炭成分开始缓慢燃烧，温度超过 1100℉。

闷烧产生的排放物要比熊熊燃烧的火焰更多。这是为什么我们常说"白热煤炭"的原因。

2. 玉米的特性

玉米是美国种植量最大的作物之一（见图 13-5），也是一种优质的采暖燃料。此外，如今有许多炉子和采暖炉的制造商专门生产以玉米粒为燃料的炉具。基于以上事实，玉米可以作为一种可行的化石燃料的替代品满足供暖的需求。1BU 玉米（BU 为蒲式耳的符号，常用于农作物的体积计量。在美国，1BU = 35.238dm^3，1BU 玉米约为 25.401kg）的净燃烧热值约为 392000Btu（见图 13-6）。

图 13-5　玉米是美国种植量最大的作物之一　　**图 13-6　玉米的净热值约为 392000Btu/BU**

当玉米的平均购入价格为 2.5 美元/BU 时，可以计算相应的每 MBtu 热量的成本。应用上面的公式，可以得到每 MBtu 热量的玉米价格为 6.38 美元。这使得玉米的价格竞争力超过了木柴！当然，此时建筑物的供暖成本将受到玉米价格波动的影响。同时，玉米燃烧装置的效率也会显著影响供暖的总成本。然而，如果玉米的供应充足，价格具有竞争力，那么相比其他的采暖原料，可以将玉米作为可行的替代燃料。

用于燃料的玉米不必达到最高的质量，然而仍需满足以下两项要求：

1）玉米粒必须干燥。水分含量最好不超过 15%（质量分数）。潮湿玉米的单位质量热值较低，还可能在通过螺旋送料机时带来问题。

2）玉米粒中不可以有碎屑。这些碎屑是碎裂的颗粒或玉米芯，同样会造成螺旋送料机的故障。

在使用玉米作为采暖燃料时还有其他一些注意事项。例如，玉米会招来害虫和老鼠。此外，还应将玉米贮存在干燥的场所，以防止其霉变。因此，必须考虑为玉米提供一个合适的贮存区域。

3. 木质颗粒

木质颗粒是另一种良好的供暖用生物质燃料（见图 13-7）。常见的木质颗粒多是由锯屑和刨花制成（见图 13-8）。这些原料通常来自制作家具和其他木制品的过程中产生的废弃物。木材细胞中天然存在的木质素和树脂会将各种碎屑粘合成木质颗粒，这意味着在生产木质颗粒时不需要任何添加物。美国各地的制粒工厂对原料进行接收、分类、磨碎、压缩、打包，然后将木质颗粒装袋销售，使其变成一种方便使用的燃料。如今，北美有超过 60 家制粒工厂，每年生产超过 600000t 的燃料。这个数字是 5 年前的两倍多。可以在建材商店、饲料和花园用品店、苗圃和木柴炉销售商处买到袋装木质颗粒。这些原料可能按袋或吨进行销售。

图 13-7 木质颗粒是良好的采暖燃料　　**图 13-8 常见的木质颗粒燃料多是由锯屑和刨花制成**

位于弗吉尼亚州阿灵顿的美国木质颗粒燃料协会（PFI）制定了木制燃料颗粒的质量标准。该协会代表了木质燃料颗粒设备制造商与燃料供应商，如各类制造商、零售商和各级经销商等。由于生物质原料的化学成分和含水量各不相同，PFI 制定了自己的木质颗粒燃料标准。这些工业标准确保了来自自然生长原料的最终产品具有最大限度的一致性，这些作为燃料的产品经过了加工但并不需要精炼。满足 PFI 分级标准的木质颗粒必须符合以下要求：

1）具有适当的密度。

2）具有适当的尺寸。

3）碎屑含量在一定的范围内。

4）盐含量在一定的范围内。

5）灰分在一定的范围内。

木质颗粒的灰分含量决定了燃料的等级。这是因为燃料中的灰分含量决定了将灰烬从炉膛和排烟系统中清除掉的工作量。高等级颗粒燃料的灰分含量低于1%（质量分数），通常由硬木和软木锯屑制成，不含树皮。这类颗粒产品占木质颗粒燃料总产量的95%以上，可以在标准炉或高级燃料炉中燃烧。

木质颗粒燃料的热值为8000～9000Btu/lb，具体取决于木材原料的类型和产地。颗粒燃料的价格为2.50～6.00美元/50lb（袋），或120～200美元/t，具体价格与地区、季节和可得性有关，这与其他类型的燃料相似。当木质颗粒燃料的平均价格为150美元/t 时，每 MBtu 热值的成本为11.50美元，与玉米或木柴等采暖燃料相比具有竞争力。在为面积1500ft^2 的起居空间供暖时，消费者平均每24h 消耗的木质颗粒燃料质量约为40lb。显然，具体数值将取决于家庭的整体能耗效率和温度设定值。

使用木质颗粒燃料的一个主要原因是其方便易用。袋装的颗粒燃料可以紧凑地堆放，易于贮存（见图 13-9）。1t 颗粒燃料可堆放在 4ft 宽、4ft 高、4ft 长的空间内。

图 13-9　便于贮存的袋装木质颗粒燃料

这仅相当于半 cord 木柴的堆放空间。还可以将其堆放在干燥的车库、地下室、杂物室或工具棚。因此，消费者可以在价格较低的淡季购买并贮存颗粒燃料，在供暖季前将其储备充足。

4. 其他采暖燃料

其他类型的采暖燃料包括樱桃核（见图 13-10）、黑麦或小麦，可以为住宅或公司供热。这些原料的热值大约如下：

1）干燥的樱桃核的热值为9500Btu/lb。

2）黑麦的热值为7200Btu/lb。

3）小麦的热值为7160Btu/lb。

对于这些其他类型的燃料，其实际热值取决于产品的质量和水分含量。利用这类原料采暖的实用性取决于用户的地理位置和产品的可得性。例如，如果需要供暖的建筑位于华盛顿、加利福尼亚、俄勒冈或北密歇根，则采用樱桃核燃料就十分方便。

黑麦（见图13-11）的主产区是美国中西部地区和加拿大。小麦（见图13-12）在美国大多数地区均有种植，但也是季节性作物。

图13-10 干燥的樱桃核也是
一种良好的生物质燃料

图13-11 黑麦可用作燃料

为有效地将这些作物用于采暖燃料，必须使用多燃料炉或采暖炉。利用这种装置，用户在满足建筑物的供暖需求时可不必拘于某一种燃料。出色的灵活性加上高燃烧效率使得多燃料供暖设备具有较好的经济性。使用多燃料供暖设备的主要好处之一是能够随时使用可得的不同燃料用于供暖需求，有些多燃料供暖设备的燃料效率可达85%以上（见图13-13）。

图13-12 小麦可用作燃料

图13-13 在使用不同的生物质
燃料时应采用多燃料采暖炉

无论选择何种类型的燃料，用户应当使燃料类型与供暖装置相匹配，确保其正确安装和使用。

 现场小贴士

将各种燃料混合使用

有些时候，可以把不同种类的燃料掺杂混合使用，以获得更好的燃料效率和更彻底的燃烧效果。例如，因为樱桃核的燃烧温度比其他燃料更高，将其与玉米粒或木质颗粒混合使用是一个好主意。这样做会减慢燃烧速度，并防止炉子温度过高。

第14章

生物质燃料炉的应用 ·········

当确定了将要使用的生物质燃料后，下一步就是选择合适的装置以发挥燃料的燃烧效率，还要了解如何正确地安装和使用这些装置。如今有许多种固体燃料供暖装置，消费者应当熟悉它们的性能，懂得如何将这类设备正确用于特定用途。

 懂得更多

本地有关木柴燃烧的规定

美国的某些社区可能会限制将木材用于家庭或公司的供暖需求，尤其是当该地区的空气质量较差时。限制的原因是由于燃烧木柴产生的气味、烟雾及灰烬，而这些限制会给某些烧木柴的装置带来问题。尽管获得了美国环保署（EPA）认证的木柴炉可能不在限制之列，用户还是应该在决定采用木柴燃烧装置进行供暖之前查看一下当地的相关条例。

14.1 安装形式

固体燃料供暖装置的安装形式取决于多种因素。例如，该装置可以位于室内或者室外，可以采用强制通风炉或者水锅炉，甚至可以利用地辐热供暖系统。下面将讨论一些最常见的生物质供暖应用和设备安装方式。

14.2 木柴、玉米和木质颗粒燃料炉

室内采暖炉是最常见和高效的生物质燃烧设备，可以安装在任何位置，但要保证在炉子周边有足够的净空间，并将烟道正确地连接至墙外。具有开放空间设计和较少隔间的建筑物最适合采用室内采暖炉。

炉子可以由钢、铸铁或它们的混合材料制成，通常钢制炉的价格最低。这类

炉子具有焊接结构，包含一个由耐火砖构成的燃烧室。钢制炉在生火之后向外辐射热量的速度最快，随着火焰的增大，能够释放出可观的热量。铸铁炉比钢制炉更耐用，加热速度更加均匀。此外，铸铁炉（见图 14-1）可以设计得很有装饰性，将炉体结构和精美的艺术纹饰结合起来。

图 14-1　铸铁炉

至于加热能力，当铸铁炉的火焰熄灭之后冷却速度较慢，因此保温性较好。另一种用于炉子的建筑材料是皂石。这种材料可以与铸铁一起使用，相比其他材料，能够提供较长时间的温和加热效果。

因为炉子主要通过辐射传递热量，最佳的安装方式是将其安装在主要起居场所的中间位置，这个场所应是室内人员活动时间最长的区域。炉子的规模尺寸非常重要，因为过大的炉子在大多数时间内需处于缓慢阴燃状态才能防止房间变得过热。另一方面，过小的炉子为了满足房屋供暖需求，会经常处于过度燃烧的状态，从而导致炉子损坏。

在理想状况下，应当有某种措施将热量分配至建筑物的其他区域。然而，这个需求并不容易实现。将热量送往其他空间的一种手段是利用贯流风机。如图 14-2 所示，业主将木柴炉安装在地下室壁炉的前方，因此可以利用原有的烟囱排烟。还可以利用这个炉子烧热水。炉子靠近一扇窗户，便于从室外拿木柴。地下室有一个吊顶，在炉子上方有一个循环风扇，将热空气在吊顶和楼上地板之间的空间内强制循环流动，从而使主层保持温暖。贯流风机由位于住宅主层的温控器进行控制。这种应用方式十分简单，却具有较高的性价比，几乎适用于所有牧场风格房屋的未装修地下室。

关于室内炉子的结构设计，有些在审美造型方面的作用比性能方面更重要。铸铁炉除了比轧制钢板炉更美观之外，还有一些功能上的细小差别。某些新型炉子在侧壁和顶部有罩板。所有的新型炉子在底部和背部都有罩板，能够防止过热，从而使得炉子与可燃墙壁之间的净距离变得更短。增加的罩板可以通过对流

图 14-2　安装在地下室壁炉前的木柴炉

而非辐射提供更多的热量，从而能够使炉子通过热空气而不是滚烫表面的辐射向空间传输更多的热量。这类炉子可能需要同风扇配合使用，增强热空气在房间内的循环流动。

1. 炉子燃烧设计

美国环保署在 1988 年 7 月颁布了木柴炉排放标准，使得室内采暖炉的内部设计发生了极大变化。环保署对木柴炉的强制性排放标准为 1h 排放烟尘仅为 7.5g。如今在美国销售的所有木柴炉都必须达到这一标准。为满足这一标准，炉子制造商极大地改进了其产品的燃烧技术，一些最新的炉子的排放达到了 5g/h。使木柴燃烧装置达标的主要办法是实现更彻底的燃烧。未达标炉子的主要问题是无法为火焰提供充足的氧气，导致非完全燃烧，从而造成超过标准的烟尘排放。与此相反，达标的炉子能够为更加充分的燃烧提供良好的条件。这种条件包括助燃空气的充足供给、更高的燃烧温度，以及在炉子冷却之前提供充足的燃烧时间，使燃烧更为彻底。

　懂得更多

获得认证的炉子

获得认证的炉子比未通过认证的炉子更安全，这是因为认证炉子燃烧产生的木馏油更少，这是木柴燃烧更加彻底带来的结果。更少的木馏油意味着更低的烟囱火灾隐患。这些炉子还可以减少木柴的消耗量，从而节省用户开支，并减少劈柴的劳作负担。

2. 催化炉和非催化炉

目前主要有两种获得认证的炉子，即催化炉和非催化炉。催化炉带有一个催化转化装置，其作用类似一个复燃室，促进了木柴烟气中的焦油、烟雾和其他有机化合物的燃烧（见图 14-3）。催化转化装置是表面涂覆了贵金属的蜂窝状陶瓷结构，贵金属催化剂通常为铂或铑，在高温下也能保持化学稳定性。当催化转化装置被加热到 500~600°F 时，来自火焰的烟气通过催化转化装置时就会发生化学反应，从而发生燃烧。催化转化炉能够提供长时间均匀的热量输出，然而催化剂在长时间使用后会降低活性，必须每隔数年就进行更换。

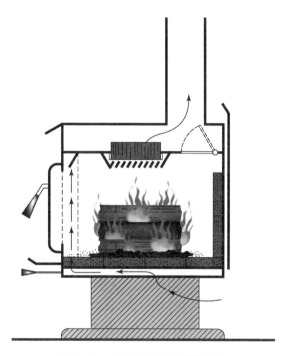

图 14-3　带催化转化装置的炉子

非催化炉将未燃烧的烟气强制通过二级换热器，在此与预热的氧气混合，通过这种方式将其进行多级燃烧（见图 14-4）。在这个过程中，燃烧的产物（烟气）将在超过 1000°F 的高温下燃烧，从而产生更多的热量，并获得更高的工作效率。非催化炉在市场上更常见，也比催化炉便宜。尽管效率较低，但非催化炉的保养维护简便。这类炉子有着很厚的绝热层和很大的折流板，从而产生很热的燃气流。许多人青睐非催化炉，因为它们可以产生熊熊的火焰。

3. 玉米和木质颗粒炉

玉米和木质颗粒炉与木柴炉非常相似，只是为了燃烧干燥颗粒燃料进行了专门设计。这类炉子的通用性较强，与木柴炉一样可用于为较大的开放空间供暖。

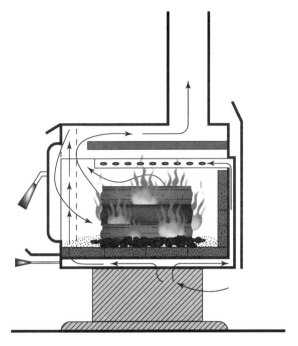

图 14-4 不带催化转化装置的炉子

与木柴炉不同，玉米和木质颗粒炉采用定量供给的方式将燃料输送至燃烧室。这是因为玉米和木质颗粒燃料的密度较大，如果在燃烧室内部堆积起来，就会降低燃烧效率。为了保证燃烧的高效率和经济性，炉子单元通常包含料斗（见图 14-5）和储料仓，而这些粒状燃料就位于储料装置中。

接下来，玉米和颗粒燃料被定量输送至燃烧室进行燃烧。在定量供给过程中，燃料颗粒被螺旋送料装置送往燃烧室，或通过燃烧室上方的料斗"滴落"进燃烧室。送料速度是可控的，能够确保产生适当的热量。同时，为了维持适当的燃烧，可采用小型风机将室外空气送入燃烧室。图 14-6 所示为现代颗粒燃料炉。

大多数玉米和颗粒燃料炉与贯流风机配合使用，以保持供暖空间的温度。当玉米或颗粒燃料燃烧后，会产生称为炉渣的不可燃残留颗粒物。炉渣的主要成分是二氧化硅，是一种类似玻璃的物质，必须清除掉。因为大多数玉米和颗粒燃料炉的燃烧室相对较小，因此每天都应清除炉渣。幸运的是，在清除炉渣时不需要熄灭炉子。

4. 安装

无论采用木柴炉、玉米炉还是木质颗粒燃料炉，在安装生物质供暖装置时都须遵循一定的步骤。任何生物质燃烧装置的不当安装都会导致有害的烟尘，甚至

图 14-5 玉米炉自带的料斗

图 14-6 现代颗粒燃料炉

引发建筑物火灾。下面列出的事项并非为了替代制造商提供的用户产品手册，仅是提供了在安全安装过程中应了解的总体原则。为了获取更多关于木柴炉、玉米炉和木质颗粒燃料炉的安装信息，请向制造商、炉子的销售商或当地建筑管理部门进行咨询。

合理安装过程应注意的三个方面包括：

1）燃烧装置周围的地板和墙壁。

2）炉子的烟道。

3）烟囱。

 技术小贴士

炉渣的处理

清除炉渣是一项相对容易的工作。可以先用特制的火钳将炉渣翻过来，然后用夹具将其清理掉。

5. 净空间

炉子下方必须有一个不可燃的基座进行支撑。通常在一块混凝土板上面铺上瓷砖或砖块就可以了。其他材料包括炉板预制件或通过 UL 认证的垫板、陶瓷地砖、大理石、石板或 UL 列出的水泥衬底板。这些不可燃的基座必须安置在整个炉子的底部，每边要超出炉子 12in，在所有送料门前应超过 18in。

除了保护地板，炉子还应与可燃的墙壁保持安全的距离。根据炉子的尺寸，该距离应达到 8~36in，甚至更远。应查阅相关手册以确定适当的距离。为了减少对净空间的需求，可以安装通过相关认证的不可燃保护墙板，这可能意味着将临近墙壁用砖块、石材或水泥板进行包覆。只要在墙壁和隔热板之间能留出 1in

的空间，就可以安装 UL 认证的隔热板。

6. 炉烟管

炉烟管用于连接独立式炉子和烟囱，通过炉子制造商提供的箍管连接（见图 14-7）。然而炉烟管并非是为穿过墙壁、地板或顶棚而设计的。炉烟管分为单层和双层两种结构类型。单层炉烟管采用比热气风道更厚的金属制成——通常厚度达到 Ga. 22～24（对于镀锌钢板一般为 0.70～0.85mm），其表面还刷有耐高温的黑色涂料。炉烟管同可燃性墙壁、顶棚或家具之间的最小净空间为 18in。同炉子需要的净空间类似，当采用认证的隔热板或对可燃表面采取经过认证的保护措施后，最小净空间可以缩短。

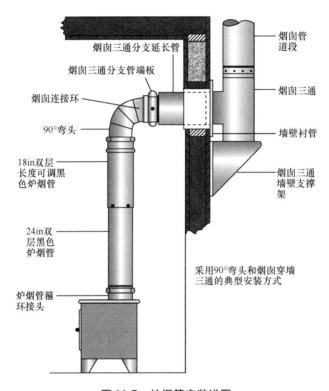

烟囱三通分支延长管
烟囱三通分支管端板
烟囱连接环
90°弯头
18in双层长度可调黑色炉烟管
24in双层黑色炉烟管
炉烟管箍环接头

烟囱管道段
烟囱三通
墙壁衬管
烟囱三通墙壁支撑架
采用90°弯头和烟囱穿墙三通的典型安装方式

图 14-7　炉烟管安装详图

双层（或紧间隙）炉烟管的内壁由不锈钢制成，外壁由镀锌金属制成，涂有黑色涂料。两壁之间的空隙起到了隔热层的作用，使得这种炉烟管与可燃物品的距离缩短到 6in。双层炉烟管仅用于室内用途。

如果炉烟管必须裁短，就要使用大号的白铁皮（表面镀覆锌的低碳钢薄板的俗称）剪刀。在安装炉烟管时，应在每个接头使用 3 个自攻螺钉进行紧固，并将接缝用黑色耐火水泥密封。应确保管道牢固地连接到炉子和烟囱。

7. 烟囱

就安全而言，烟囱是最应受到关注的部件之一。为确保烟囱的正确安装和安全性，必须遵守有关原则。第一条原则是不可以将炉烟管当作烟囱，不能将其穿过墙壁、地板或屋顶。对于烟囱本身，需要采用通过 UL 认证的不锈钢 A 级绝热管道。该管道具有双层或三层结构，还能够耐高温。A 级烟囱可以有多种安装应用方式。

当炉子的位置靠近外墙时，可以通过一根水平排烟管来排放废气，这根管子有一个端盖，能够防止风向炉内倒灌。在本例中，穿墙的水平排烟管需采用 PL 型排烟管，并通过 UL641 标准测试（见图 14-8）。

这种排烟管也具有双层结构。在此种配置中，炉子通常和排气扇协同使用，排出燃烧产生的废气。有一点很重要，就是确保所有的接头密封良好，并安装了端盖，以防止在发生停电事故时燃烧烟气进入采暖空间。

其他关于使用 A 级烟囱的安装方式如图 14-9 所示。

前面提到过，不允许将炉烟管用于穿墙或穿顶棚的场合。当需要穿过实体时，请使用 A 级双层烟囱，并与可燃物保持适当的净距离。同时还应确保地板至屋顶之间的连接受到足够的支撑。当穿墙而出并沿着建筑物向上排放时，应尽可能缩短水平方向的管道长度，然后

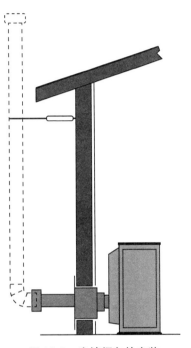

图 14-8　穿墙烟囱的安装

在室外采用适当的烟囱材料。应采用最小 1/4in/ft 向上倾斜度的导管。在穿出屋顶时，采用规则 "10-2" 来确保烟囱能够伸展到高出屋顶最高处的足够高度。根据这条原则，所有的烟囱必须至少高于屋顶表面 3ft，且至少比屋顶上面 10ft 之内的所有部件高出 2ft 以上（见图 14-10）。

总之，当安装 A 级烟囱时应牢记的事项是：

1）不要将炉烟管穿过墙壁、顶棚、地板或窗户。

2）更高的烟囱具有更好的 "烟囱拔风" 效果。

3）将弯头的数量减低至最少。

4）遵守规则 "10-2"。

5）应在烟囱尽头安装端盖以防止烟气倒灌，还能防止鸟类和其他小动物的闯入。

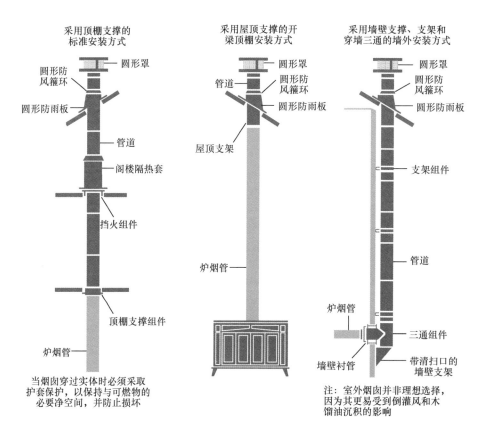

采用顶棚支撑的标准安装方式

圆形罩
圆形防风箍环
圆形防雨板
管道
阁楼隔热套
挡火组件
顶棚支撑组件
炉烟管

当烟囱穿过实体时必须采取护套保护，以保持与可燃物的必要净空间，并防止损坏

采用屋顶支撑的开梁顶棚安装方式

圆形罩
圆形防风箍环
圆形防雨板
管道
屋顶支架
炉烟管

采用墙壁支撑、支架和穿墙三通的墙外安装方式

圆形罩
圆形防风箍环
圆形防雨板
支架组件
管道
炉烟管
三通组件
墙壁衬管
带清扫口的墙壁支架

注：室外烟囱并非理想选择，因为其更易受到倒灌风和木馏油沉积的影响

图 14-9　三种烟囱安装方式

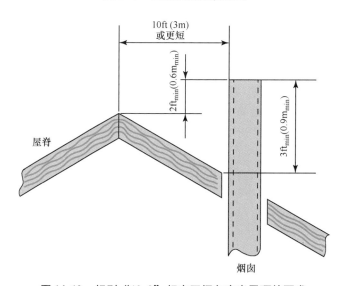

10ft (3m) 或更短

$2ft_{min}(0.6m_{min})$

$3ft_{min}(0.9m_{min})$

屋脊

烟囱

图 14-10　规则 "10-2" 规定了烟囱穿出屋顶的要求

228

6) 当存在疑问时，请向炉具经销商或当地的建筑管理部门进行咨询。

8. 砖石烟囱

有些旧建筑可能已经建有一根砖石烟囱。在某些情况下，这根烟囱能够被生物质燃料炉所利用。然而在这么做之前，必须要考虑一些事项。在使用原有的砖石烟囱时，一个最主要的问题是，它们对于现代的生物质燃料炉来说太大了，这可能会导致烟囱的通风效果变差，并增加木馏油的沉积——当使用壁炉烟囱时尤其如此。如果燃烧产物在通过砖石烟囱排放时不能保持较高的温度，就会凝结，导致烟囱内部出现湿乎乎的沉积物。这会引起砖石接缝的过早损坏，从而使烟囱崩塌损毁。解决这个问题的方法就是安装烟囱内衬（见图 14-11）。这种灵活的内衬层由不锈钢制成，类似家用干衣器使用的风管。记住可以向炉子制造商咨询与炉子匹配的烟囱内衬层的尺寸。

9. 炉子的安全

对于生物质燃料炉，需要考虑的问题还包括新鲜空气的补充和烟雾探测器的应用。炉内燃烧所需的空气必须从外界供给，但可以通过直接或间接的方式。例如，可以从墙外直接将空气引入炉子，如图 14-12 所示。

老旧的建筑可能存在门缝、墙缝和窗户缝隙，燃烧所需的空气会透过这些缝隙

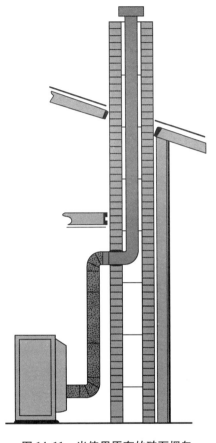

图 14-11　当使用原有的砖石烟囱时应安装内衬管道

进入室内形成间接补充，从而无须专门补充空气。然而，现代建筑的密封性较好，可能需要额外补充空气。记住如果助燃空气不足的话，可能会对住户的健康造成危害。

烟雾探测器是所有住宅和公司必须安装的设备，很多时候属于当地消防法规的强制要求。无论使用何种类型的供暖装置，都应安装烟雾探测器。建议所有的烟雾探测器在连接建筑物的 120V 市电的同时，采用电池作为备份电源。

10. 炉子的维护

和其他类型的供暖装置一样，生物质燃料炉也需要一定的维护保养。而且，

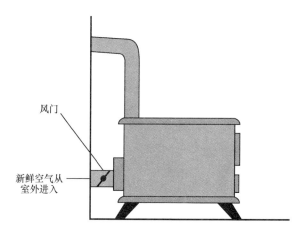

图 14-12   采用室外直接补充空气的管道

由于生物质燃料的燃烧会产生残渣和灰烬，因此这种炉子比常规的燃气装置需要更多的维护工作，需要定期对其进行检测，以确保所有的部件能够正常和安全地运行。检测部位包括通风管、风扇、电动机及螺旋加料器等。在供暖季到来之前和供暖季期间，至少应对炉烟管和烟囱进行一次木馏油沉积状况的检测。其他的例行检测维护包括每周甚至每日对炉内进行清理，具体项目根据炉子的使用状况而定。用钢丝刷清除燃烧室内部和周围的灰烬和烟灰积垢，清除灰盒中的积灰并将炉膛用吸尘器进行清扫，这些措施有助于保持燃烧装置的效率。应确保使用合格的燃料以达到充分的燃烧。应在手边存有合格的服务技师的电话号码，以便在出现问题且无法被住宅和建筑业主解决时进行联系咨询。

 **现场小贴士**

室内炉与财产保险

　　住宅和建筑业主应当联系他们的财产保险机构，确保获得使用室内生物质燃料炉的政策许可。根据政策，可能会有一些限制条款或出现保费增加的情况。

14.3　室外锅炉

　　另一种利用生物质为住宅或公司供热的方式是安装室外锅炉。这种设备可以利用木柴或玉米作为燃料，而木柴则是首选。采用室外供暖设备具有明显的优点，包括：

1）减少了房屋失火的危险。

2）由于燃料贮存在室外，所以避免了脏物、煤灰和害虫的问题。

3）避免了因室内燃烧带来的室内空气污染问题。

4）由于设备位于室外，所以通常不会带来财产保险费增加的问题。

1. 室外锅炉的安装

室外锅炉（见图 14-13）通常安装在距建筑物 50～100ft 的距离上。这样可以减少引发建筑物火灾的风险，而且有利于燃烧产物的排放。如果锅炉距建筑物过近，可能会导致烟气和煤灰进入室内，从而影响室内空气质量。在室外锅炉中，水被用来作为热量传输的媒介。锅炉将水加热，然后热水通过地下管路进入室内，再流过水-空气换热器（见图 14-14）。

图 14-13　一台装填了燃料准备点火的室外木柴锅炉

图 14-15 所示为在室内采暖炉的送风静压箱上安装的制热盘管。

图 14-14　水-空气换热器　　　　**图 14-15　在室内采暖炉的送风静压箱上安装的制热盘管**

与常见的家用热水锅炉不同，这种配置并不是一个加压系统，这一点必须清楚。通过室外锅炉的循环水是和大气连通的，这是出于安全的考虑，尤其是为了防止在锅炉干烧时出现爆炸。一个加压热水系统需要额外的安全措施，必须遵循另一套建设规范。还要强调一点，即室外锅炉使用的水媒通常采用水和乙二醇溶液，以防止在寒冷季节里冻结。

2. 锅炉规模设计

确定锅炉规模的最佳方法是进行建筑物的热损耗计算，具体的计算方法请参考第 11 章"负荷计算"一节。得到计算结果之后，请咨询锅炉制造商或销售商，得到所选型号的效率参数。传统的室外木柴或玉米燃料锅炉的热效率约为 50%。近年来，随着人们对这类供暖方式的需求增加，效率参数得到了迅速提升。如果在室内采用水-空气换热器，还需要对其尺寸进行设计。最好向暖通空调设备批发商或制热盘管制造商进行咨询，以得到关于换热器尺寸方面的帮助。这些信息可以帮助用户确定盘管的合适尺寸，以适应原有的送风静压箱，并确保达到适当的热量输出值。

3. 锅炉的安放

当注满水后，室外锅炉的质量可达 3000lb，因此应确保将锅炉安放在一个坚实的基座上。通常可用一个厚度 4in 的混凝土浇筑基座来支撑锅炉。大多数制造商会随其产品提供一个样板，显示所需混凝土基座的尺寸（见图 14-16）。

建造基座的混凝土用量可能有所不同，一般 $1/8yd^3$［1yd（美制）= 0.9144m，$1yd^3 = 0.765m^3$］就足够了。记住底座应伸出锅炉前方，以便为操作人员提供一个宽敞的空间来将燃料装填进燃烧室。一个混凝土浇筑基座的替代方案是混凝土砖。在锅炉的每个角的下方都应使用足够数量的砖，或者将砖在锅炉下垫上一圈。确保这些砖块放置在坚实的地面上，以防止砖块下沉引起锅炉移位。

 懂得更多

选择尺寸合适的锅炉

注意不要选择过大的室外木柴锅炉。否则在供暖需求不大的温和天气里就会发生问题，此时在燃烧室中的木柴仅仅闷燃而并没有真正燃烧。另外，应选择具有较大操作门的锅炉，这会使装填木柴变得更加容易。

4. 管道安装

在锅炉和建筑物之间安装地埋管的第一步是挖掘地沟至当地的冰冻线之下。这样能够防止过多的热量散失，如果没有使用防冻剂，还可避免管道中的水被冻结。冰冻线是在供暖季节的最冷时间内，当地土壤冻结的最大深度。该数值会依据地理位置而有所不同。图 14-17 所示为美国冰冻线深度图。

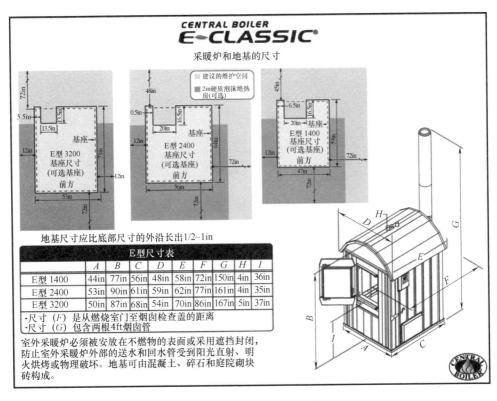

图 14-16　室外木柴锅炉的基座方案

　　实际的挖掘工作需要使用挖沟机，如美国沟神挖沟机、反铲挖沟机等，用户可以租用这些机器，自己动手来挖掘地沟。否则，应和当地的挖掘机公司、庭院设计公司或化粪池安装公司进行联系。

　　用于地埋安装的管道称为交联聚乙烯（PEX）管，这种材料是将聚乙烯分子结构进行交联而成的。PEX 材料具有弹性，能够抵御高、低温的波动。PEX 管的安装方便，对埋管环境中的化学物质具有很强的耐受性。PEX 管道的光滑内壁不易被腐蚀，还具有很强的抗冻性和抗裂性。尽管在冰冻线之下安装 PEX 管道并非强制性要求，但这样做会防止大量的热量损失。需要安装两条 $1 \sim 1\frac{1}{4}in$ 的 PEX 管道用于送水和回水。这些管道被包裹在高密度聚氨酯保温层中，并被高密度聚乙烯护套保护，以防止地下的潮气或冰冻土壤接触热水管（见图 14-18）。

　　如果发生了这种情况，就会产生相当大的热量损失，从而对可用于房间供暖的热水量产生显著影响。另一条建议是将热水管从稍大尺寸的 PVC 管中穿过，记住 PEX 管在加热和冷却时会发生膨胀和收缩，而 PVC 管则能容纳这种胀缩而不会影响管道的性能。最后，在管道进入建筑物时采用稍大尺寸的穿墙护套，以

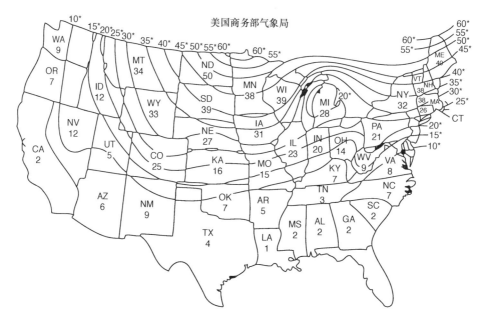

美国商务部气象局

图 14-17　美国冰冻线深度图

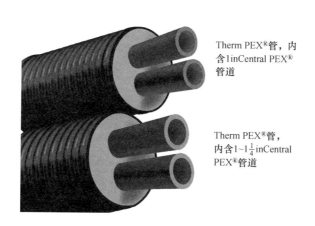

Therm PEX®管，内含1inCentral PEX®管道

Therm PEX®管，内含1~$1\frac{1}{4}$inCentral PEX®管道

图 14-18　室外锅炉采用的地埋管道

注：从管道的颜色可以方便地识别送水管和回水管。

容纳管道的胀缩。

采用管道供应商提供的专用压头，将 PEX 管道与室内换热器进行连接。这种专用接头的安装连接需要专用工具，也由 PEX 管道供应商提供。在室外锅炉处，将管道与循环泵连接。对于大型室外锅炉，或者当锅炉距离建筑物较远时，采用两台循环泵也是常见的做法，此时在送水和回水管路上各安装一台循环泵。

现场小贴士

在冬季安装锅炉

在冬季大地上冻的季节里安装室外锅炉也是可以的。先在地面铺上麦秸稻草，再将带有隔热层的水管道铺设在上面，然后将更多的麦秸稻草覆盖在管道上面进行保温。这会有一些热量损失，但数量很少。等到了春天再将水管埋入地下即可。

5. 电路连接与控制

当在室外地沟中安装管道时，应同时把电缆也一起连接至锅炉。电缆通常采用美规 12 号 3 股 110V 电缆，在专用的 3/4in 地下 PVC 电缆管中铺设。另一个建议是在电缆管和热水 PVC 护套管中穿过一根尼龙绳，以便在将来需要增加管线时使用。同时在建筑物的配电箱中安装一个 15A 断路器，将锅炉电缆与室内断路器和室外锅炉单元连接好。锅炉的室外电路应包括一个照明装置和一个方便插座。这个电路还用于驱动循环泵。

室外锅炉的控制相对简单，可分为室外和室内控制。大多数锅炉通过一个线电压温控器（见图 14-19）测量热水的温度，从而实现室外控制。当温度低于设定值时，温控器中的触点闭合，开启室外单元的风门。助燃空气通过风门进入燃烧室增大火焰，从而使水温升高。当温控器测量的温度值达到要求时，就会关闭风门，将火焰降至阴燃状态。无论何时，室外锅炉单元总是处于燃烧状态。

图 14-19　室外锅炉的温控器

在室内，房屋温控器测量室内空间的温度，在需要加热时启动供暖贯流风机。风机将空气吹过供暖热水盘管，将室内温度提升至设定值。当温度达标后断开风机。

最后一个控制方案涉及循环泵。关于水泵的控制有两种不同的观点。一种观点认为水泵应持续通电工作。在没有防冻剂时这种看法是正确的，否则管道中的水就有可能冻结。而如果水中含有防冻剂，则循环泵可以采用启停工作模式，启停控制可以通过控制水温的室外温控器或者控制室内供热的室内空间温控器来实施。最好使用热水温控器来控制水泵，否则当室内温控器发出供热指令后室内盘管中会没有热水可用。水泵还可以通过在入室盘管的送水管上的搭接式温控器（见图 14-20）来控制，以确保盘管中总是有热水流动。

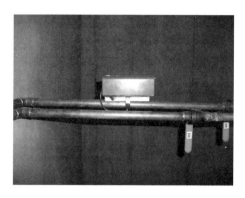

图 14-20　用来控制循环泵的搭接式温控器

 绿色小贴士

采用室外空气设定控制

　　有些现代锅炉已经配备了一种设备，可以通过室外气温对热水温度设定值进行调整设定。这种双温度控制器同时测量室外空气温度和流出热水的温度。其工作原理是：当室外气温升高时，锅炉热水温度的设定值会自动降低。在温和的天气里降低热水温度设定值可以节省开支，并减少锅炉的损耗。人们对是否应该在室外锅炉上应用这种温控器仍然存在争论。有人认为增加这项设备开支不值得，因为当木柴锅炉运行在更高的温度时会更加经济。

6. 其他应用

　　如果室外锅炉采用玉米或木质颗粒作为燃料，就需要一个储料仓，这个储料仓可以与锅炉集成或外置（见图 14-21）。

　　储料仓的尺寸应该合理，从而避免频繁地装料。此外，玉米燃料锅炉还需要螺旋加料器以将玉米粒送入燃烧室。有些现代玉米和颗粒燃料锅炉配备了电子控制器，可以在每个供暖周期自动点燃燃料。这些控制装置还具有自调整功能，可以根据输出热量的需求进行低、中、高火设定。现代室外锅炉还具有双燃料兼容能力。除了生物质燃料，这些单元还可以根据需要切换至燃油、丙烷或天然气燃料，可满足某些应急场合的应用需求。

在室内，锅炉还可用于其他加热用途，包括：

1）通过换热器为室内供应热水（见图14-22）。

图 14-21　用于室外锅炉的玉米和木质颗粒储料仓　　　　图 14-22　用于提供室内热水的换热器

2）通过地辐热或踢脚板加热器而非强制通风的方式供暖。

3）泳池和浴缸加热。

4）温室加热。

5）多个建筑物加热。

7. 锅炉的维护保养

室外锅炉的维护保养与室内炉类似，包括以下项目：检查燃烧室的损耗情况和烟囱内木馏油积聚状况，还要确保控制器处于良好工作状态，并经过合理的校准。建议在换季时对燃烧装置进行彻底清洁，以确保设备能够发挥出最大的潜力。

除了上述项目，还应对供水系统进行维护以确保系统的效率。应定期检查系统的水位，确保处于合理的水平。必要时应向系统补水。为了满足这一要求，应当在建筑物的自来水系统和锅炉之间铺设一条永久性水管，以方便为锅炉补水。还应不定时地对积存在这条水管中的空气进行排气操作。如果系统包含水过滤器，应对其定期清洗。

还有一项特别的维护工作，就是在需要时将灰烬从室外锅炉单元中清除掉，通常在供暖季每月进行一或两次。有些单元带有螺旋除灰器，能够自动将室外单元中堆积的灰烬清空。

14.4 室内锅炉和采暖炉

室内用于燃烧生物质燃料的装置与炉子具有相同的尺寸、安装方式和维护保养要求。其区别在于这些装置既可以作为建筑物的主要供暖设备，也可以作为已有供暖系统的补充。

当将其作为主要供暖设备时，室内生物质采暖炉通常为双燃料或多燃料设备。除了用木柴、玉米和木质颗粒等生物质燃料之外，这些采暖炉还能够使用燃油、丙烷、天然气甚至煤炭作为替代燃料。在建造主供暖系统时，安装一套多燃料单元是一个精明的选择，这样在紧急状况下总有可用的备份燃料供给。

1. 作为主系统的多燃料采暖炉

多燃料（或组合）采暖炉（见图14-23）有多个并列排列但仍然相连的独立燃烧室。在炉子工作的第一阶段，点燃木柴使空间加热，然后燃烧室关闭。这个过程持续进行直至木柴消耗完毕。如果没有更多的木柴，炉子就会像常规燃气炉或燃油炉那样工作，直到有更多的木材加入到燃烧室中。在这个过程中，建筑物的供暖并不中断。这种类型的采暖炉采用双级温控器，根据独立温度设定值对各个燃烧室进行控制。如果炉子中的木柴烧完了，则第二个温控器的设定就会点燃化石燃料，自动将建筑物的温度维持在相应燃料的设定温度上。

2. 补充采暖炉

补充生物质燃料采暖炉也和化石燃料采暖炉联合使用。在这种方案中，安装生物质燃料采暖炉是作为已有系统更新改造的一个项目。常见的安装方式包括将补充采暖炉的送回风静压箱与建筑物原有的风道系统相连。如果采暖炉的燃料是木柴，就采用手工加柴方式；如果采用玉米或木质颗粒燃料，则采用料斗加料方式（见图14-24）。

补充采暖炉的控制系统包含两个独立空间温控器。通常主温控器控制生物质燃料采暖炉，设定为保持房间温度。副温控器控制化石燃料采暖炉，作为备份设备。如果生物质燃料单元熄火，房间温度就会下降，直至达到副温控器设定的较低温度值。此时化石燃料炉就会点火启动，按照副温控器的设定值保持房间温度。

另一项补充采暖炉的控制策略是在送回风风道中应用隔离风阀。在化石燃料炉工作时，这些风阀关闭，以防止热空气进入生物质采暖炉。

图 14-23　多燃料采暖炉

图 14-24　补充型玉米燃料采暖炉

　　生物质采暖炉的通风需求与生物质炉是相同的，维护保养的要求也类似。生物质采暖炉的一个特别要求是在维护时采用风压表（见图 14-25），这个设备用于检测流过火焰和烟囱的助燃空气的气压，从而得到空气的流量。

图 14-25　用来检测通风状况的风压表

　　采暖炉的燃烧室和烟囱应维持相对于室内气压的负压差。通常燃烧室压差数值应为 -0.02in 水柱，烟囱压差为 -0.04 ～ -0.06in 水柱。可以通过调节采暖炉的主进气量来保持这些设定值。在进行任何调整时，应咨询设备制造商的意见。

案例研究：室外木柴锅炉

　　在美国的农村地区，为了满足采暖需求，住宅房主通常要在燃料油和丙烷之间做出选择。不幸的是，这两种燃料的价格每年都在上涨。作为替代品，许多人转而使用室外木柴锅炉作为在漫长而寒冷的冬季的主要供热源，家住密歇根州威兰德的瑞安·马丁也不例外。瑞安和他的妻子艾琳于 2007 年建造他们的新住宅时就安装了室外木柴炉（见图 14-26）。设备运行得非常好，所以瑞安的父亲比尔也决定为自己的住宅安装一套（见图 14-27）。

图 14-26　瑞安的室外木柴锅炉

图 14-27　比尔的室外木柴锅炉

瑞安的锅炉为他的单层住宅（面积约为 5000ft^2）供热，每个供暖季消耗的木柴约为 12cord。比尔的供热面积约为 12000ft^2，包括他的农舍和家庭宾馆，每个冬季消耗 20cord 木柴。他们并不在乎每年砍伐木柴，因为他们自己的土地上有大量的树木。

瑞安的锅炉主要是靠自己动手安装完成的，从而节省了一大笔开支。他自己计算的安装总开支约为 10000 美元。通过与前三年采用丙烷供热开支的对比，他估计这套系统可以在两年多一点的时间内收回成本，这可以算得上非常不错的投资回收期了。为了最大限度地发挥锅炉的效能，马丁不仅将其用于供暖，还用于为房间提供热水。他们的锅炉甚至为住宅的精装修地下室进行地辐热供暖（见图 14-28）。

瑞安列举了很多方面以说明为什么赞赏父亲的室外锅炉。例如，比尔的锅炉有一个很大的操作门，使得添加木柴很方便（见图 14-29）。另一个优点是其具有一个先进的控制屏，其温控器能够对工作热水的温度进行调节（见图 14-30）。

两个家庭都有整套的油锯和木材切割设备。他们甚至将每年的木柴砍伐工作当成一项家庭事务。因为能够节省采暖费用，每年采伐和贮存木柴的工作变得充满了乐趣。

图 14-28　地辐热系统的集管

图 14-29　锅炉的大尺寸操作门

图 14-30　带 LED 显示屏的锅炉控制屏

第 5 篇

未来能源：燃料电池和热电联产介绍

第15章

燃料电池的工作原理

15.1 概述

到目前为止，大多数可替代能源类型都已经介绍过了。风能、太阳能和地能是最可行的可替代能源类型，并且已被成功用于住宅和商用领域。然而，我们还需要讨论其他类型的可替代能源。这些能源可能没有像那些热门能源一样为人所熟知，但它们也具有同样的特性。可替代能源最主要的特征包括：

1）储量丰富。

2）可以再生。

3）清洁。

4）对环境无害。

有两种可替代能源类型正在变得流行，它们是燃料电池和热电联产（CHP）。下面先来介绍燃料电池。

燃料电池的历史可以追溯到1839年，当时威廉·格罗夫爵士（Sir William Grove）用电解质和水进行了相关试验。他发现氢和氧能够结合，生成水并发出电流。从1889年至20世纪早期，许多人都试图制造出燃料电池，用以将煤炭直接转化为电力。不幸的是，由于试验者对制造燃料电池的材料了解得不够充分，这些尝试都以失败告终。直至1932年，弗朗西斯·培根（Francis Bacon）和他的研究团队成功制造出第一块燃料电池。这种设计方案后来被用于了美国航空航天局（NASA）的阿波罗探月任务，还被用于了太空实验室项目（见图15-1）。

如今，燃料电池技术已得到了广泛应用，它们能够驱动汽车，或者为住宅和商用建筑提供电力。本篇主要介绍固定式燃料电池，讨论其如何为家庭和商业场所发电。

图 15-1　航天飞机使用的碱性燃料电池

15.2　什么是燃料电池

燃料电池是一种能够将化学反应转化为电力的装置。多数情况下，这种化学反应表现为氢氧结合生成电力。与化石燃料的燃烧发电不同，燃料电池依赖反向电解达到同样的效果。电解与反向电解的区别在于，在电解过程中电流施加到水中，使其分解为氢气和氧气（见图 15-2）；在逆向过程中，分离的氢气和氧气结合后产生电力和副产物——水。燃料电池的其他副产物还包括热量和二氧化碳（非氢氧燃料电池）等。

1. 燃料电池的组成

燃料电池（见图 15-3）共分为三层：一层是阳极，这是电流流入电池的一端；另一层是阴极，电流从这里流出；两层之间是聚合物薄膜电解质，这层薄膜含有催化剂，能够促进电池内的氢氧反应。

阳极是燃料电池本身的负极，有几种功能。例如，它对氢气分子释放出来的电子进行导向，从而使其能够用于电路。阳极板表面有蚀刻出的沟槽，能够使氢气均匀弥散到催化剂的表面。

阴极是电池本身的正极，表面也具有蚀刻的沟槽，使得氧气分子能够弥散到催化剂的表面。它还能够将电路中的电子导回至催化剂，与氢和氧结合生成水。

薄膜内的电解质是质子交换反应发生的地方。该电解质仅能通过带正电的离子，而阻挡住了电子。催化剂是一种特殊的材料，通常由铂制成，具有疏松多孔

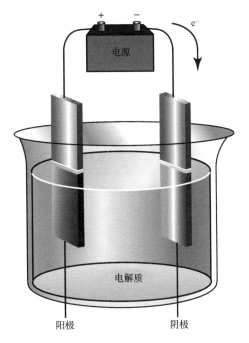

图 15-2　电解过程

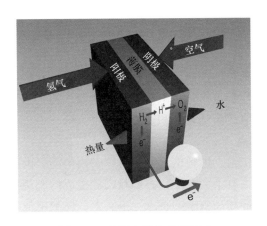

图 15-3　燃料电池的各部组成

的结构，从而获得了对氢气和氧气分子的最大接触表面积。

2. 燃料电池的工作原理

燃料电池无须燃烧就能产生直流电。它们与普通电池一样具有两个电极板，即负极和正极。然而燃料电池的极板是被聚合物薄膜电解质隔离开的。与普通电池不同，燃料电池能够随时补充输出的电力。

下面介绍燃料电池产生电荷的过程：氢气被导入含有铂金属的阳极，铂产生催化反应，使氢气分解为离子。这种电离反应将氢原子分解成正离子和负离子。这些离子会自然地流向薄膜另一面的阴极。然而只有质子才能穿过薄膜。因此，电子被迫绕过薄膜，从而形成外电路中的电流。当氢气被输送到阳极时，空气中的氧气被送至阴极，被这里的催化剂分解为氧离子。当氢质子和电子与这些氧离子结合后就会生成副产物水。燃料电池的工作原理如图 15-4 所示。

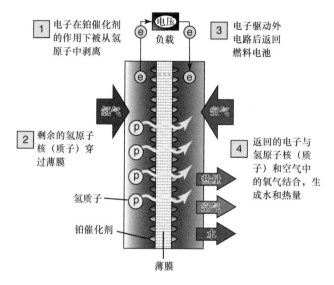

图 15-4　燃料电池的工作原理

一个燃料电池单体仅能产生大约 0.7V 的电压。为升高电压，制造商将燃料电池串联堆叠起来，层数越多输出电压越高。然而，为了增加输出电流，燃料电池的内部极板必须具有较大的表面积。

3. 燃料电池的优点

只要保持氢气的供给，燃料电池就能持续发出电能。由于这种电力是通过电化学反应过程得到的，就不会产生化石燃料燃烧生成的燃烧产物。燃料电池的反应过程具有清洁、安静和高效率的特点。事实上，燃料电池比常规的化石燃料发电方法的效率高 2 ~ 3 倍。如果在发电的同时利用燃料电池产生的废热，就形成了热电联产单元。在大型建筑系统中，这些燃料电池热电联产系统能够比常规燃料系统节省 20% ~ 30% 的能源开支，使效率增加了 85%。在固定式热电联产电站中，燃料电池的燃料—电能转化效率高达 40%。当采用纯氢气作为燃料时，燃料电池就变成了零排放的电源装置。事实上，有些燃料电池电站的排放水平非常低，以至于美国的某些地区不再将其列入废气排放管制的范围。燃料电池的其他优点包括：

1）活动部件少，从而减少了保养维护工作。

2）可靠性高：在电暴中没有能量损失。

3）安静的运行意味着噪声污染的降低。

4）减少了对外国原油的依赖。

4. 燃料电池的应用

目前全球有超过 2500 套燃料电池电站正在运行，其应用领域覆盖了医院、疗养院、写字楼和学校。燃料电池系统既可用作已有电网的补充备份电源，还可在那些不便于接入电网的地区作为独立系统使用（见图 15-5）。

图 15-5 商用燃料电池

对于住宅和轻型商用场所，燃料电池可作为主电源或电网的可靠备份电源。和光伏与风电系统类似，燃料电池可被独立控制或与已有的电网并联。它们可以安装在建筑物的地下室或后院中。家庭或公司使用的燃料电池的平均尺寸约为一台家用电冰箱大小。新型燃料电池可以从多种常规化石燃料（如丙烷和天然气）中提取氢气。有些电力公司为家庭提供燃料电池的出租业务，建筑物的业主也可直接购买燃料电池单元。与光伏和风电系统一样，燃料电池发出的多余电力可以被电力公司回购。

家庭和商用固定式燃料电池系统面临的一个问题是，如何才能将氢气输送至燃料电池所在的位置。尽管氢是宇宙中储量最丰富的元素，但它非常不稳定，很难从其他化合物中分离出来。幸运的是，纯氢气的运输和配送已经不是什么新鲜事了。早在 20 世纪初期，人们就已经为工业用途而运输氢气了。在运输过程中，氢气的常见贮存方式是钢瓶贮存，即将氢气充入气密的容器中，容器的抗压性可达 $2000 lbf/in^2$，与丙烷配送的方式类似。然而，如何使住宅和公司业主以常规方式获得氢气，并在燃料电池所在的位置进行贮存呢？一种答案是从某些替代物（如碳氢化合物）中获得燃料电池所需的氢气。尽管燃料电池采用纯氢气作为主要燃料，但许多公司也开发了采用天然气的燃料电池。这种从天然气到氢气的转换是通过燃料处理器完成的。将天然气用于燃料电池的一个原因是，许多用户已经在家庭或公司中使用管道配送的天然气了。另一个原因是天然气主要由甲烷组成，其分子式为 CH_4（1 个碳原子与 4 个氢原子，见图 15-6）。由于这种组成结构，燃料电池将 1 个碳原子从天然气分子中"剥离"后就剩下 4 个氢原子，这个过程相对容易些。

燃料处理器提高了燃料电池在家用和商用领域的实用性，其任务是将输入的天然气和丙烷转化为足够纯度的氢气用于燃料电池——通常纯度可以达到每百万个分子中不超过 50 个一氧化碳分子。同时，燃料处理器在转化过程中生成的其他副产物必须满足排放标准。图 15-7 所示为一台自带内置天然气燃料处理器的燃料电池。

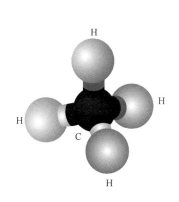

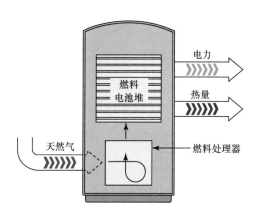

图 15-6　一个甲烷分子由 4 个氢原子和 1 个碳原子构成

图 15-7　一台自带内置天然气燃料处理器的燃料电池

 懂得更多

家用燃料电池中的丙烷

许多燃料电池制造商考虑采用丙烷作为载氢燃料源，作为农村和偏远地区燃料电池的燃料。这项应用的目标市场包括分散而广阔的住宅和小型企业，它们已经在使用丙烷燃料，而且远离主电网和燃气（天然气）管网。

15.3　燃料电池的安装

尽管大多数家用和轻型商用燃料电池很适合安装在机房或室外，但并不适合用户自己动手安装。大多数燃料电池制造商会要求其产品由经过厂家培训和授权的技师进行严格而规范的安装。

通常一套面积为 2000ft² 的住宅需要 5 ~ 7kW 的燃料电池来满足电力需求。具有这种功率的燃料电池的尺寸相当于一台冷冻柜大小（见图 15-8）。

图 15-8　用于家庭的燃料电池

因为燃料电池的工作温度约为 150 ℉（此为低温燃料电池的工作温度——译者注），其产生的废热可为住宅生产热水或辅助空间加热，从而提高了系统的整体效率。家用或商用燃料电池还可以通过主配电柜与电网连接，就像光伏系统或风力发电机那样。当地电力公司可能会提供净计量服务，这将有助于弥补设备的开支。当与已有的电力系统结合之后，燃料电池可以通过自动切换装置在电网发生故障时为用户提供持续的备份电力（见图 15-9）。

备份电力可用于驱动住宅或企业在电网断电后的专用电路，在电网恢复供电后会自动切回电网。有一点很重要，就是燃料电池产生的是直流电（DC）。这种直流电通常需要转换为交流电（AC）才可以用于家庭或公司，这一点也和光伏和风电系统类似。因此，应该在系统中安装使用充电控制器和逆变器，而且可能还需要安装蓄电池组，以便在燃料电池停止工作时提供备份电力。图 15-10 所示为简化的家用燃料电池系统。

当进行安装成本（美元/W）对比时，大多数家用和轻型商用燃料电池与光伏系统的表现相当。然而，同样尺寸和功率的燃料电池比光伏系统每年多发出 7 倍的电能，即便光伏系统安装在日照最充足的地区。一台 5kW 的光伏系统每年的发电量约为 10MW，而同样为 5kW 的燃料电池每年能够产生 80kW 的电能和废热能。两类系统的另一个区别是，燃料电池需要天然气作为运行成本，但光伏系统不需要任何燃料。评价一个燃料电池系统价值的方法是将其成本和收益与竞品能源技术进行对比。尽管燃料电池的成本在持续下降，但离普通企业和家庭都能够买得起的目标还有一段路要走。

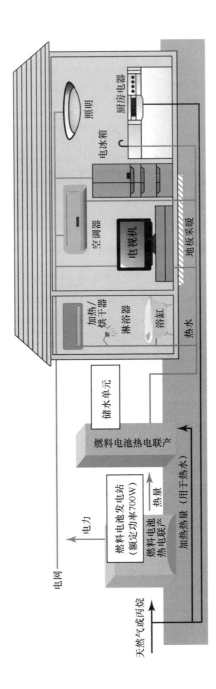

图 15-9 燃料电池可为家庭提供电力和热量

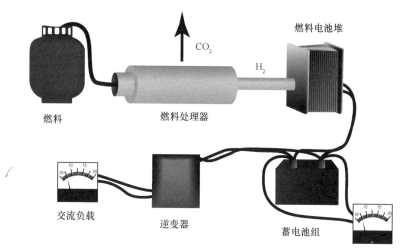

图 15-10 简化的家用燃料电池系统

 懂得更多

什么是色姆

1 色姆（therm）等于 100000Btu（1 色姆 = 105507490J），通常用于天然气价格的对比过程。1ft³ 天然气所含的热量约为 1050Btu。然而，这个数值还与燃气的质量有关。为了给出基于 Btu 含量的定价，大多数燃气公司在为其燃料定价时既采用每 100ft³（CCF）燃气的价格，也采用每色姆的价格。

家庭或公司使用的燃料电池应符合相关的可再生能源政策中关于实质性经济补贴的有关规定。对于购买和安装合格家用燃料电池的业主，目前美国联邦政府的税收补贴可达到系统成本的 30%（见图 15-11）。企业则能够利用美国联邦政

图 15-11 房主和企业房主在安装燃料电池时可以受到州和联邦政府的奖励

府的加速折旧计划，在燃料电池的安装项目上获得更多的补贴。国家鼓励发展可再生能源和提高能源利用效率数据库（DSIRE）网站提供了各州和联邦政府关于可再生能源系统激励政策的详细信息。

15.4 燃料电池的维护

通常燃料电池系统所需的维护工作远少于其他类型的可替代能源系统（见图 15-12）。事实上，有些制造商建议每年进行一次维护保养足矣。然而这仅是针对备份电源系统的要求。因为燃料电池不含活动零部件，维护工作主要集中在氢燃料的补给方面。如果燃料电池采用了燃料处理器，能够从天然气或丙烷中提取氢气，该装置就应当作为维护保养的重点。大多数对燃料电池内部的检测诊断工作取决于其控制系统的复杂程度。有些系统可能有自动监视系统，能够告诉业主或技师是否或何时存在潜在问题。燃料电池的其他控制特性包括运行检测、自检测诊断及无人"工作循环"等，以确保其在需要时能够正常工作。如果燃料电池仅是用于备份电源系统，尤其是在关键应用场所如医院，则相应的技术和安全标准将会要求更频繁的定期检测，例如每月进行一次检测。

图 15-12　家用和商用燃料电池所需的维护工作很少

15.5 燃料电池的发展趋势

在燃料电池能够取代传统发电系统而成为家庭和企业供电设备之前，燃料电池工业尚需解决一些问题，这些问题包括：

1）氢气供给：有一点必须牢记，燃料电池不是普通的化学电池。尽管它们都可以将化学能转化为电能，但燃料电池需要充足的纯氢气供给才能正常工作。尽管自然界中的氢元素非常丰富，但必须将其从其他分子中提取出来。游离氢非常活泼，贮存难度较大。如果没有可供提取氢气的丰富的化石燃料，就需要在当地找到一个氢燃料源，从那里能够购买氢燃料，并将其正确地输送到燃料电池的安装地点。

2）燃料电池堆的水分含量：燃料电池堆将燃料电池单体连接成一个整体，将氢气和氧气转化为电能。这两种元素必须以持续的和一致的方式输送至聚合物薄膜。如果燃料电池内部的含水量过高或过低，这种过程就会受到影响而中断。过多的水分会导致薄膜阻塞，抑制质子的运动。如果水分含量过低，薄膜就会变得干燥，致使燃料电池无法运行。

3）成本：同其他的发电类型一样，市场是被供需关系所驱动的。如果制造商能够向能源市场提供与常规制热和电力系统具有价格竞争力的燃料电池，那么普通的房主和企业主就有理由将其引入到自己建筑物的电网中。

第16章

什么是热电联产？

16.1 概述

热电联产（CHP）也称为热电联供。在这个过程中，由一个燃料源同时产出电力和热量。现代热电联产设施可将燃料效率提升至90%。相比之下，常规发电厂的最高发电效率仅为35%~55%。这种低效率的原因之一是电站产生的废热输送困难，因此不易被利用。热电联产的燃料可以是天然气、丙烷、煤炭、生物质或燃料油。无论采用哪一种燃料，热电联产都能够向家庭、商用设施和工业领域提供清洁、高效和可靠的替代能源（见图16-1）。

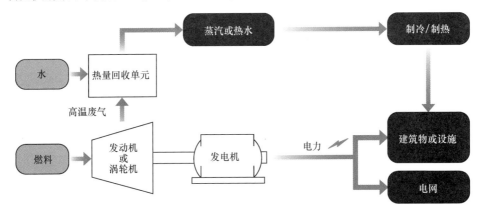

图16-1 热电联产的基本方案图

热电联产的发展过程如下：

第一个将供热和发电结合起来的实例是1882年托马斯·爱迪生在他的珍珠街发电站创造的。这个首家商业化热电联产发电厂既能发电，又能利用其产生的废热为附近的建筑供暖。这种废热循环利用模式使得爱迪生的发电站达到了约50%的效率。

到了20世纪早期，蒸汽成了主要的机械动力源。许多生产蒸汽的动力公司很快意识到它们也能发电。然而，随着集中式发电站（由当地公用事业部门管理）的出现，美国联邦法规开始推进农村地区的电气化。这些法规不鼓励分散式发电，如废热发电等模式。结果大型电力公司成为可靠而廉价的电力供应方，而小型动力公司则停止了废热发电项目，转而从大型电厂购买电力。

由于 20 世纪 70 年代出现的能源危机，人们对热电联产的兴趣开始增加，至 20 世纪 80 年代末，节约能源已经成为一种迫切的需求。美国终于在 1978 年通过立法鼓励发展热电联产。公用事业监管政策法案（PURPA）鼓励热电联产技术，允许动力企业与主电网并网连接以购买和出售电力。根据 PURPA 法案，热电联产企业能够在需要时以合理的价格从主电网购买电力，也可基于电力公司的发电成本出售电力。该法案鼓励电力公司从不同的电力供应商购买电力。这项法案带来的结果是，全美国的热电联产能力得到了迅速发展。

 懂得更多

欧洲的热电联产

在欧洲，热电联产并未得到像美国那样的政策扶持，这是由于欧洲并不认为其属于一项新技术。然而令人惊奇的是，热电联产在欧洲的普及率却超过了美国，尤其是在家用和轻型商用领域。

16.2 热电联产的应用

1. 热电联产的应用领域

热电联产技术可用于众多的高能耗领域，包括：

1）工业制造：化学、食品加工、纸浆造纸和石油工业等。

2）机构设施：高等院校、医院、监狱和军事基地等。

3）商用建筑：机场、大型写字楼、宾馆、娱乐场、疗养院等。

4）市政设施：污水处理厂和学校等。

当用于家用和轻型商用设施时，热电联产能够形成一个综合能源系统而不仅仅是一项技术。这个能源系统可以根据不同的用户进行改造。一个典型的家用和轻型商用热电联产单元的容量为 $1 \sim 6kW$，在输出电力的同时还可以产出大量的热能。而一套 6kW 的单元则能够以 10gal/min 的速率提供 $140 \sim 150 ℉$ 的热水。这些热量能够满足面积为 $2500ft^2$ 住宅的供暖需求（见图 16-2）。

图 16-2 常见的家用热电联产单元

2. 热电联产系统的主要组成与运行过程

热电联产系统的主要组成包括（见图 16-3）：

1 控制盒

2 带集成催化转化器的烟气换热器

3 发动机单元

4 发电机

5 消声器

6 换热器加热系统

7 电气连接端口

8 燃气供应口

9 新鲜空气/烟道气

10 供热连接口

图 16-3　热电联产单元的内部结构

1）燃料驱动内燃机和发电机。

2）热空气采暖炉或热水锅炉。

3）将来自发电机冷却系统的流体进行循环的换热器。

4）能够操控系统的控制模块。

热电联产系统的运行过程如下：

1）往复式发动机驱动发电机，发出电能。

2）该机器由燃烧的燃料驱动，燃料包括天然气、丙烷或生物气。

3）电力供建筑物使用，可以减少从当地电力公司购买的电力。

4）热量回收系统从燃烧系统的排放物或设备冷却系统中收集废热。

热量通过换热器转化为可用的热能。换热器既可以采取采暖炉加热空气的方式，也可以采取锅炉加热水的方式。

热电联产的其他应用包括为家庭提供热水或利用废热进行空调制冷等（见图 16-4）。用于太阳能集热系统的热水生产方式也可用于热电联产系统。读者还可以参考第 3 章中关于吸收式制冷应用的内容。太阳能制冷的原理同样可用于热电联产系统。

3. 热电联产的控制

有一点必须清楚，就是用于家用和商用热电联产的技术是为了替代建筑物原

图 16-4 热电联产系统的各种设备

有的供热系统而设计的。用于为建筑物供暖的热量其实是发电机冷却或排放系统的副产物。而这正是热电联产系统能够实现高效率的原因。

大多数家用和商用热电联产系统会利用建筑物内的辅助热源，例如采暖炉或锅炉。这些辅助热源由热电联产系统的控制模块进行自动控制，即便热电联产系统不能正常工作，也能在最寒冷的日子里让建筑物保持温暖。热电联产系统通常会采用一个含有微处理器的控制器与系统内的其他部件进行数字通信（见图 16-5）。

控制器首先控制热电联产系统的发电设备部分，将电能持续送往建筑物。控制器还会与一个程控温控器连接，使选定的空间保持设定的温度值。当接收到制热指令时，温控器就会启动位于热风采暖炉内的贯流风机或热水锅炉系统中的循环泵。同样的温控器还可用于系统的制冷模式，在需要时启动吸收式制冷单元。如果没有制冷单元，那么就应该考虑如何去除多余的废热。利用或消除废热的另一个办法是将其用于室内热水供应，其他的办法还包括加热泳池或浴缸等。

作为一项额外的节能特性，有些供暖单元在用于空间加热的贯流风机中采用电子整流电动机（ECM，或称无刷电动机）。这类电动机采用变速驱动装置，其能耗仅相当于常规风机电动机的 10%（见图 16-6）。

有些热电联产系统的独特之处在于它们能够持续、少量地进行空间加热，而不是像常规供暖系统那样进行循环启动和停止。这种对空间进行较低温度持续加热的方法具有两个优点：

1）由于风扇电动机不会频繁启动和停止，因而节省了电力。

2）由于来自热源的空气与室内空气的温差不大，所以人体感觉较为舒适。这种供热方式能够减少热量分层，并且降低了温度的波动。

图 16-5　热电联产系统的微处理器控制器　　　图 16-6　电子整流电动机（ECM）

技术小贴士

热电联产的互联网连接

　　现在有些热电联产系统的制造商能够将其设备的控制系统直接与互联网进行连接（见图 16-7）。这使得用户能够对其住宅或办公室进行远程温度监控。有些参数，如时间设定值，甚至能够通过互联网在世界的任何地方进行变更。

图 16-7　家庭与互联网的连接实例

16.3 设计指南

当设计家用或商用热电联产系统时，应认真考虑以下问题：

首先，热电联产最经济的应用状况是建筑物全年都有废热利用途径。如果不是这样，如系统在某些时间仅是用于发电，那么热电联产的效益就不能充分发挥。在这种状况下，系统的效率要比那些能够全时利用废热的系统低 50%。有些应用模式能够很好地克服这一问题，例如对一个杂货铺来说，可以用一台吸收式冷冻机进行货品的低温贮存。在这个应用模式中，来自热电联产的热量能够在炎热的季节里满足制冷负荷的要求。如上所述，应尽量去寻找废热的利用途径，如为家庭提供热水、加热泳池和浴缸等（见图 16-8）。

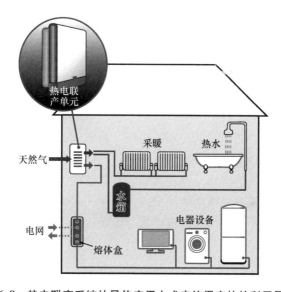

图 16-8 热电联产系统的最佳应用方式应使得废热的利用最大化

第二项考虑是根据供热的需求设计系统的规模。这样能够使系统配置达到最优，从而使所有的废热都得到利用，相当于达到 100% 的利用系数。利用系数是指被利用的废热与可回收的总热量的百分比。建议先对每月的热负荷进行分析，然后再选择能够满足最低热负荷需求的热电联产单元。如此一来，利用系数总能达到 100%，任何多余的热量则可以通过常规方式进行利用。

在设计热电联产系统的规模时，尽量使热效率达到 60% 以上。在这种情况下，热效率可定义为回收热量加上发电量，再除以燃料输入量的比值。热效率低于 60% 的系统在经济上是不可行的。另一方面，效率更高的系统能够满足更大热负荷的需求，但是发电量就会减少。

作为一条总原则，热电联产系统每年应至少满负荷运行 5000h，以满足其经济可行性和成本回收的需要。

16.4 安装实践

许多新型热电联产单元都具有供暖和空调制冷的功能。有些单元并不需要特别的安装技能，只需要普通的电工、管道安装工，以及暖通空调安装技师进行安装即可。在安装工作开始之前，为了熟悉正确的安装过程，可向热电联产单元的制造商或经销商进行咨询。像其他项目一样，在安装之前应确保获得机械和电气安装许可。此外，应始终遵守当地、州和国家关于此类设备的安装规范。一旦选定了合适的设备单元，在安装用于住宅或公司的热电联产系统之前，应考虑如下事项：

1）选择安装地点。
2）正确的电气连接。
3）与废热系统的连接。
4）与备份供热系统的连接。

1. 选择安装地点

家用或商用热电联产单元的大小相当于一台家用电冰箱。如前所述，它们可以被安装在室外，或地下室，或机房。无论选择哪个地点，应确保设备能够方便地进行燃料和电气系统的连接，并在其周围有足够的净空间。如果将设备安装在室外，应注意在安装地点采取防风雨措施。由于大多数热电联产单元的运行非常安静，安装地点应该不会对邻居造成干扰。应确保设备安装在坚实的地面上，其基座不应发生移动。

2. 进行正确的电气连接

同光伏系统和风电系统一样，应确保热电联产设备的电气系统得到了正确连接。在考虑电气线路的配置时，建筑物的业主必须决定采用独立系统方案还是并网系统方案。

如果采用独立系统方案，就应当安装蓄电池组、充电控制器和将直流电转换为交流电的逆变器（见图 16-9）。如果采用并网方案，仍需要安装逆变器（见图 16-10）。

无论采取哪种方案，逆变器都必不可少，以确保将热电联产单元发出的电能与建筑物电气系统的电压和频率相匹配。制造商的说明书应该就如何进行正确的电气连接进行了说明。所有与逆变器、蓄电池组、主配电屏和建筑物的断路器屏的连接应由具有资质的电工完成。请复习第 5 章中有关光伏系统线路连接和应用的介绍，以获得更多关于不同电气配置方案及其安装的细节知识。

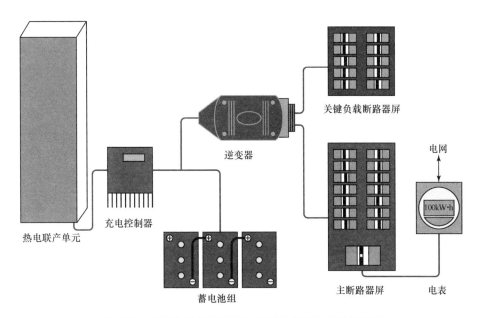

图 16-9　含蓄电池备份系统的典型热电联产系统的连接

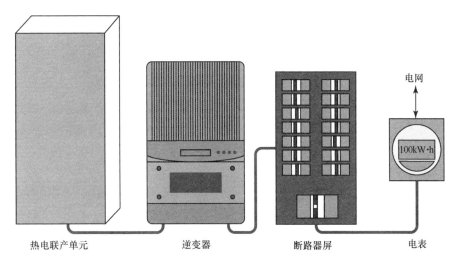

图 16-10　并网型热电联产系统的连接

3. 与废热系统的连接

这部分安装工作主要是由管道工完成的。将废热从热电联产单元连接至室内单元的工作与太阳能储热系统的连接非常相似。管道的布局取决于建筑物的主热源是热风采暖炉还是热水锅炉。

如果采用热风采暖炉，应把热电联产单元用管道连接至采暖炉内的换热器

（见图 16-11）。

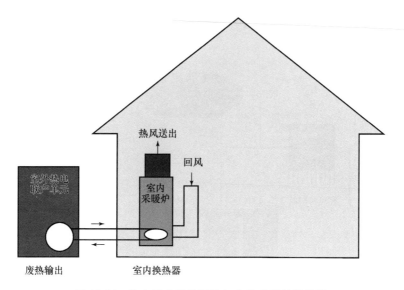

图 16-11　热电联产供热回路与家庭采暖炉的连接

通常应安装一台循环泵，以使换热液在热电联产单元和采暖炉之间流动。由于热电联产单元在大部分时间都处于工作状态，这台泵也应同时工作，以使废热流出热电联产单元。当有制热需求时，采暖炉的贯流风机启动，使得热空气在空气调节空间内循环流动。

安装在室外单元与室内换热器之间的管道与采用热水锅炉的建筑供暖系统极其相似（见图 16-12）。这里再次重申，室内和室外盘管之间的循环泵在热电联产单元工作时应持续通电运转。只有一个例外，就是将水在室内锅炉和散热器终端之间进行循环的次级泵。只要有供热需求，室内温控器就会启动该泵（见图 16-13）。

连接热电联产单元和室内换热器的管道系统与常规供暖系统或太阳能储热系统使用相同的装置，包括：

1）膨胀水箱。

2）排气口和空气分离器。

3）泄压阀。

4）止回阀。

5）压力与温度计。

请记住，在热电联产单元和室内换热器之间应使用防冻液作为热交换介质。

4. 与备份供暖系统的连接

如前所述，当把热电联产系统作为建筑物的主供暖系统时，很有必要安装一

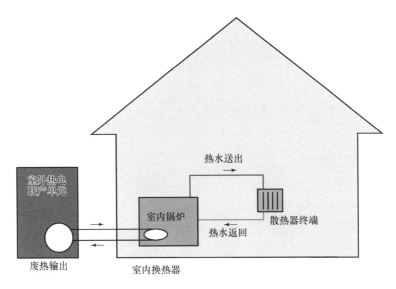

图 16-12　热电联产供热回路与家用锅炉的连接

套备份供暖系统。即便热电联产系统的容量能够满足建筑物的设计供暖负荷，也会出现需要备份系统的情况，尤其是当热电联产系统需要保养和维修的时候。备份系统的一个特点是其可仅在部分时间内工作，而不是像主热源那样全时工作，这种模式能够节省业主的开支。它的另一个特点是通常不必按照建筑物的最大负荷进行设计。在大多数情况下，备份供暖系统与热电联产系统的换热器安装在一个外壳内。同时，热电联产系统使用的逻辑控制器既能够自动对主供暖系统进行控制，也能够自动对辅助备份系统进行控制（见图 16-14）。

图 16-13　为住宅提供热水的
热电联产单元

图 16-14　带有备份热水系统的
家用热电联产单元

懂得更多

利用热电联产单元进行改造

　　许多家用和商用热电联产单元不仅适用于新建筑，也能够取代原有的供暖系统（见图16-15）。新单元的热量输出值取决于原有单元及其能耗水平。在选择新单元之前，请务必考虑原有建筑物的保温状况，并进行详细的热负荷分析。

图 16-15　热电联产单元

16.5　系统成本

　　热电联产系统的总建设成本包括以下几项：

1）发电机单元成本。

2）工程和设计费用。

3）安装成本。

4）控制器成本。

5）电气设备成本，包括开关装置和断路器等。

6）管道设备成本，包括阀门、缓冲箱和管件接头等。

　　根据某些制造商的估算，其设备安装成本大约为常规供暖系统的2倍。2～6kW的系统成本为10000～20000美元，对于新建住宅，还有约4000美元的附加安装费用。这些成本与安装一套新的地能供暖系统相当。

　　系统运行成本和节能效果会根据地理区域和系统的燃料类型而有所不同。系统运行成本的其他变量包括系统的发电量，以及系统所在地区是否实施了净计量政策等。举例来说,对于在美国东北部地区的住宅建筑,一套 1.2kW 的系统可以满足大约一半的家庭年用电需求。考虑到热电联产系统满负荷运行的成本,节省的开支大约为燃气和电力开支的一半。只要电价为 0.85 美元/(kW·h),就会产生这样的效果。如果该地区施行了净计量政策,节省的电力开支会更多。请记住,建筑物的业主应对热电联产系统以废热形式输出的全部热量加以利用。

绿色小贴士

　　正如在第 5 章中介绍过的,净计量是使建筑物的业主获取热电联产系统产生多余热量全部价值的一种措施。利用净计量,家庭或企业可以利用自身发电的余量冲抵电费账单。其工作原理是:当热电联产系统发电时,电力首先用于满足建筑物的用电需求。当发电量超过用电需求后,多余的电力可以送入主电网。此时电力公司的电能表精确地倒转,使得用户能够从多余的电能中获得收益。在计费周期结束时,电力公司会按照电力批发价格向用户支付相应的电费。如果用户的用电量超过热电联产系统的发电量,用户需向电力公司缴纳差额电费。

　　下面介绍热电联产系统的投资回报:

　　热电联产系统的预期回报与燃料成本、电力成本、废热利用率和净计量政策有关。由于寒冷地区的供暖需求大,所以电力和天然气消耗量较大,因此寒区的投资回报期最短。然而,废热的利用效率也是背后的重要因素。如果系统能够充分利用废热,例如用于加热泳池或吸收式制冷,则有助于缩短回报期。根据制造商的意见,如果终端用户的电价超过 14~16 美分/(kW·h),则热电联产系统就能够在合理的时间内收回建设成本。可以利用网站 http://www.marathonengine.com 上提供的节能计算器(Energy Savings Calculator)辅助估算某一系统的投资回报期(在该网站的"Cogeneration"选项卡中点击"Ecopower",然后选择"Savings Calculator")。

　　要想进一步得到激励信息,建筑物业主可以访问美国联邦和州政府的网站,查找有关绿色能源法案,看看有没有将热电联产系统纳入退税范围。关于联邦的税收激励政策可以通过网站 http://www.energy.gov 进行查询[在搜索栏键入"tax breaks"(税收减免)进行查询]。各州的激励政策可以通过网站 http://www.dsireusa.org 进行查询。

16.6　热电联产系统的维护保养

　　热电联产系统的大多数维护保养工作与驱动发电机的燃气发动机有关。维护的范围取决于发动机的类型和使用的燃料。大多数天然气内燃机的常规保养周期为4000h，相当于每年保养一次。图16-16所示热电联产发动机每年只需进行一次常规保养。

图16-16　热电联产发动机

在每4000h进行一次的保养工作中，需要更换润滑油、过滤器、火花塞，并进行一些小的调整。这类保养工作通常可在1h内完成，费用约为200美元。大多数制造商授权经销商进行这类服务工作。

大多数天然气内燃机比常规汽油发动机的运转更清洁，其寿命通常可达40000h或10年。

热电联产系统的其他保养工作取决于外围装置的状况，包括检查电气设备的磨损情况，定期检查所有连接点是否牢固，检查管道部件是否存在泄漏征兆，每年检查一次防冻液以确保其有效。对于室内部件，也应有计划地进行维护保养，其项目与其他常规家用或商用供暖和空调系统相同。

如果保养得当，热电联产系统就能够为住宅房主或公司业主长期提供经济、可靠的电力和热能。

吸收式制冷（absorption cooling）：通过挥发性流体的蒸发实现制冷，该流体继而被高浓度溶液吸收，然后在来自热源的压力下被释放出来，再在足够高的温度下重新冷凝，将冷凝热释放到外部空间。

主动式系统（active system）：主动式系统是采用水泵将水或换热液在集热器和水箱之间进行循环的系统。

空气分离器（air separator）：水暖系统的一个部件，当水流过该部件时，可以将空气从水中分离出去。

通气口（air vent）：在供暖系统中可手动或自动进行通风的装置。

交流电（alternating current，AC）：一种能够规律性地改变方向的电流或电压。

可替代能源（alternative energy）：能源的一种类型，例如太阳能、风能和核能等，可以替代或补充传统化石燃料能源如煤炭、石油和天然气。

环境温度（ambient temperature）：周围环境的温度，在暖通空调领域，是指加热或制冷介质周围的空气温度。

美国线规（American wire gauge，AWG）：美国和加拿大采用的标准线缆规范系统，规定了电导线的直径、形态、成分等标准。

电流表（ammeter）：用来测量电气线路中电流大小的仪表。

载流量（ampacity）：在电缆立刻或逐渐出现故障之前所能承载的最大电流。

安时（amp-hour）：荷电量的单位，相当于1A的稳定电流流动1h所传输的电量。

风速计（anemometer）：用来测量空气流速的仪表。

阳极（anode）：半导体材料上的一个端子或触点，或在电化学反应中发生氧化反应从而流出电子的一端。

异步发电机（synchronous generator）：一种三相笼型绕组发电机，也称为感应式发电机，可以发出交流电。当用于风力发电机时，适合低速和近似恒定的叶片转速，所发出的电力可以无需逆变器而直接并入电网。

双金属片（bimetal strip）：两种不同的金属片背靠背紧固在一起的装置。

生物质（biomass）：指一类有机体尤其是植物类物质，它们能够转化为燃料，因此被视为一种潜在的能源。

钎焊（brazing）：金属填料在高温（约800 ℉）下熔化，将两个金属连接起来的焊接方式。

毛细管（capillary tube）：一种固定管径的限流调节装置，用于冰箱和空调系统。

催化转化炉（catalytic stove）：含有催化转化器的炉子。催化转化器具有蜂窝状结构，由基质和催化剂构成，能够通过化学反应使污染物在很低的温度下燃烧。

阴极（cathode）：半导体材料上的一个端子或触点，或在电化学反应中发生还原反应从而流入电子的一端。

充电控制器（charge controller）：用来控制电池充放电电流的装置。能够防止过充电和过电压对电池性能、寿命和安全性造成的危害。

止回阀（check valve）：一种机械装置，通常只允许流体（液体或气体）从中单向流动。

烟囱拔风（chimney draft）：热空气由于对流效应自然地进入烟囱向上流动，从而使得燃烧产物通过烟囱排放出去。

断路器（circuit breaker）：用来中断电路的装置，能够防止过电流（例如短路引起的故障）对设备中的线路造成损坏或引发火灾。

炉渣（clinker）：不可燃的残留物，被熔融成不规则的块状，在生物质（如玉米或木质颗粒）燃烧后留存在炉子中。

闭路系统（closed-loop system）：在太阳能集热系统中，闭路系统指系统中的管道处于密封状态，通常注入乙二醇防冻液，与外界大气隔离。

热电联供（cogeneration）：通过发电站或热力机（如涡轮发电机）同时进行发电和生产可用热量的过程，也称为热电联产。

热电联产（combined heat and power，CHP）：通过发电站或热力机同时进行发电和生产可用热量的过程，也称为热电联供。

压缩机（compressor）：一种蒸气泵，能够将蒸气（制冷剂或空气）从较低的压力压缩至较高的压力。

冷凝器（condenser）：制冷系统中的一种部件，通过制冷剂的冷凝将热量从系统中转移出去。

传导（conduction）：两个静止系统之间由于温差造成的热量转移。

对流（convection）：通过冷热液体或气体的循环流动形成的热量转移。

木馏油（creosote）：指覆盖在烟囱内壁上的油状液体，来自于木柴燃烧产生的烟雾。

交联聚乙烯管（cross-linked polyethylene pipe）：参见聚乙烯管（PEX）。

立方英尺每分钟（ft³/min，cubic feet per minute，CFM）：强制通风系统中气流速度的单位。

达里厄风力机（Darrieus wind turbine）：一种垂直轴风力机（VAWT），可以利用风能发电。

直流电（direct current，DC）：所有的电子持续沿一个方向流动的电力形式。

分流控制器（diversion controller）：将发出的多余电能进行分流的控制器，通常用于光伏面板，可以防止其出现过载。

掺杂（doping）：将一种元素加入纯净的半导体中，以改变其电气特性的方法。

风压表（draft gauge）：一种通过与大气压进行对比来测量很小的压力的仪表。用于测定通过烟囱或排烟道的烟气流速。

回流系统（drainback system）：一种闭路太阳能加热系统，当增压泵停止对集热器回路进行防冻保护时，集热器回路中的换热流体回流至水箱或蓄水罐中。

干井（dry well）：一种在开路地源热泵系统中用于排水的井。

变电站（electrical substation）：发电、输电和配电系统中的辅助站，其中的变压器将电压由高变低或由低变高。

电解质（electrolyte）：一种导电介质，物质以离子的形式在其中运动，从而产生了电流。

电磁铁（electromagnet）：缠绕在软铁心上的导线绕组，在通电时产生磁场。

电动势（electromotive force）：电压的另一种说法，描述了两种电荷之间的电势差。

电子整流电动机（electronically commutated motor，ECM）：一种直流电动机，采用电子器件替代电刷实现转子的换向供电，此种电动机的功率通常小于1hp，又称无刷电动机。

设备接地（equipment grounding）：将设备上无电流的金属部件通过接地线连接大地的措施。

真空管集热器（evacuated-tube collector）：一种太阳能集热器，由平行排列的双层玻璃管连接到集管上构成。每根玻璃管的夹层被抽真空，能够防止热量通过对流和传导散失。

蒸发器（evaporator）：在制冷系统中的一个部件，能够将热量吸收至系统中，然后使液态制冷剂蒸发。

膨胀水箱（expansion tank）：在闭路供暖系统和家庭热水系统中使用的一个小水箱，用于吸收过高的水压。这种过高的水压是由于水受热膨胀或水击作用引起的。

膨胀阀（expansion valve）：位于制冷系统高压液路和蒸发器之间的器件，可将液态制冷剂转化为蒸气。

旗形树冠（flagging）：树木的茎干和枝叶沿着当地盛行风的方向生长的现象。

平板集热器（flat-plate collector）：一种太阳能集热器，由带有玻璃或塑料盖的绝热金属箱和深色的太阳能集热板组成。太阳辐射被集热板吸收，再传导至集热器管道中循环流动的流体。对于空气集热器，循环的流体是空气，而对于液体集热器，换热流体通常为水。

防冻保护阀（freeze-protection valve）：一种热量控制防冻保护装置，安装在太阳能热水系统中。其中有精密热动元件，能够在温度接近冰点时打开阀门，并在回暖时关闭阀门。通过这种持续调节，可以将冷水排出并由热水取代，从而防止集热面板和管道被冻结。

频率（frequency）：电力公司供给的电流在 1s 内的周期数。在美国通常为 60Hz。

燃料电池（fuel cell）：一种电化学系统，可将燃料的化学能直接转化为电能。

熔体（fuse）：一种电路保护装置，内含一个导体，在过电流引起的高温下能够熔断从而断开电路。

地能交换（geoexchange）：地能交换供暖和制冷系统利用大地的恒温特性为住宅和商用建筑提供采暖、制冷和热水功能。

地源热泵（geothermal heat pump）：一种热泵，可以利用土壤、地下水或池塘而非空气作为热源和吸热源。

起重把杆（gin pole）：是一根坚硬的拉杆，在其顶部安装了一个滑轮用于抬升物体。拉杆的下部固连到已有塔架或建筑的上部，其自由端则延伸高于塔架或建筑物。

乙二醇（glycol）：一种防冻液，用于地源热泵的水回路或太阳能集热系统的管路中。

乙醇酸（**glycolic acid**）：当乙二醇受到过度高温影响时发生化学变化而产生的副产物。

调速器（**governor**）：一种速度控制装置，无论负载如何变化，该装置能够通过调节燃料或工作流体而使速度保持恒定。

接地（**grounding**）：将电路或设备与大地或其他导体连接的形式。

得热量或热损耗计算（**heat gain/loss calculation**）：对建筑物因对流、传导和辐射，得到或失去的总热量的计算。

水平轴风力机（**horizontal axis wind turbine，HAWT**）：风轮轴与空气流和地面平行的风力机。

水平地埋回路（**horizontal ground loop**）：一种闭式地源热泵系统的回路形式，其注液的塑料换热器管道埋设在与地面平行的平面上。

流体集热器（**hydronic collector**）：一种集热装置，用于采集和吸收太阳能并将其传输到工作流体（如水或空气）中。

渗透损耗（**infiltration loss**）：通过建筑物的门窗缝隙发生的热损耗。

管道风机（**inline fan**）：直接安装于风道中用于推动空气的风机。

日射率（**insolation**）：单位时间内通过直射或散射到达某一表面的太阳能量。更准确地讲，日射率是照射在具有一定面积和方位的物体表面上的太阳能量密度，通常采用的单位是 $W/(m^2 \cdot h)$ 或 $Btu/(ft^2 \cdot h)$。

集热箱一体单元（**integral collector storage unit，ICS**）：一种太阳能集热装置，入射太阳能可以被该装置的集热箱直接吸收。

内部得热量（**internal heat gain**）：来自建筑物内部热源的热量。最常见的内部热源是加热装置、电器、人员和照明设备。

逆变器（**inverter**）：将直流电（如光伏组件或阵列发出的电力）转换为交流电（单相或多相）的装置，用于为交流设备或向电网供电。

动能（**kinetic energy**）：物体或系统的一种能量形式，与物体运动或系统中粒子的运动有关。

潜热（**latent heat**）：当物质改变形态而不改变温度时吸收或释放的热量。

潜热得热（**latent heat gain**）：从建筑物内的热源中释放出来的潜热量，这种释放过程可以改变空气湿度。

桁架式塔架（**lattice tower**）：是一种独立框架式塔架，用于电缆塔特别是超过100kV 的高压输电塔、无线电发射塔（自发射塔或天线托塔），以及瞭望塔等。

木质素（lignin）：一种有机物，与纤维素一起构成木质组织的主要部分。

溴化锂溶液（lithium bromide solution）：用于吸收式制冷系统的一种盐溶液。

负荷计算（load calculation）：对进出建筑物的总热量进行的计算，这种热量的得失是热量通过传导、对流和辐射形式进行转移的结果。

地磁南（magnetic south）：磁性指南针指示的南向。

集管（manifold）：一种管道装置，可以通过阀门或其他装置控制多个进出支路的开闭。

修正方波逆变器（modified square wave inverter）：能够将直流电转换为交流电的装置，输出波形为阶梯状或有死区间隔的方波。相比方波，这种波形能够减少对电子设备造成不利影响的失真或谐波。

机舱（nacelle）：风力机中的一个部件，内部包含齿轮箱、传动系统、发电机和其他器件。

美国国家可再生能源实验室（national renewable energy laboratory，NREL）：美国的一个联邦实验室，旨在对可再生能源以及节能技术进行研究、开发和产业化。

净计量（net metering）：一项针对拥有可再生能源设施的消费者的电力政策。通过该政策，消费者可以从自身发电量中获得收益。

镍镉电池（nickel-cadmium battery）：一种充电电池，采用羟基氧化镍和金属镉作为电极材料。

镍铁电池（nickel-iron battery）：一种蓄电池，正极材料为羟基氧化镍，负极材料为铁，电解液为氢氧化钾溶液。活性物质被包裹在镀镍钢管或穿孔钢带中。

N型材料（n-type material）：一种掺杂半导体材料（如掺杂磷的硅材料），掺杂的原子能够为基质材料提供多余的导电电子，从而产生了带有多余负电荷的材料。

欧姆定律（ohm's law）：该定律指出流过两点间的电流大小与两点间的电势差或电压成正比，而与电阻成反比。

开式环路系统（open-loop system）：地热系统的一种类型，采用地下水作为热交换介质，然后将水排入地下。

并联电路（parallel circuits）：一种电路形式，其中所有支路两端的电压相等，总电流等于所有支路的电流之和。

峰值日照时数（peak sun hours）：一天之中平均太阳辐照强度为 $1 kW/m^2$ 的

等效小时数。例如，6 个峰值日照小时意味着在整个白天接收的太阳能量等于受到 6h 强度为 $1kW/m^2$ 的太阳辐照。

聚乙烯（PEX）：即交联聚乙烯。通过工艺流程，在聚乙烯分子之间形成连接桥（即交联），从而提高了材料在极端温度下和受到化学侵蚀时的耐久性，增加了抗蠕变的能力，使得交联聚乙烯成为制造热水管和其他工程应用中的优异材料。

光伏作用（photovoltaic）：来自太阳可见光的电磁辐射使半导体材料产生电压，进而形成电流的现象。

光伏面板（photovoltaic panel）：一种能够将太阳能直接转化为电能的平板电子器件。

静压箱（plenum）：位于空气处理设备的入口或出口的密封腔室，与风道系统连接。

池塘回路（pond loop）：闭式地源热泵系统中的一种水平回路，其注液的塑料换热管道被盘绕放置在池塘的底部。

饮用水（potable water）：各项指标适合人类饮用的水。

泄压阀（pressure-relief valve）：一种安全阀门，当达到一定压力时开启，释放蒸汽和水。

丙二醇（propylene glycol）：是在水路系统中应用的一种防冻液。

psi：压力单位符号，即 lbf/in^2（磅力/平方英寸），$1psi \approx 6894.76Pa$。

P/T 塞（P/T plug）：一种用于水管路的插塞装置，使用户无须在管路中安装其他仪表或温度计就可以读取管路中的压力和温度值。

P 型材料（p-type material）：通过将某种类型的原子添加到半导体中获得的一种材料，能够增加自由电荷的载体（P 型材料中富含正电荷载体，即空穴）。

脉宽调制（PWM）控制器（pulse-width-modulation controller）：一种电子控制器，当充电电池的电压升高到预设值时，可以通过逐渐减少充电电流脉冲来终止充电电流。

整流器（rectifier）：一种将交流电转换为直流电的电子装置，常用于电池充电器和变流器中。

耐火砖（refractory brick）：由耐火陶瓷材料制成的砖，用于采暖炉、窑炉、燃烧室和壁炉的内衬层。耐火砖首先能够耐受高温，还应有较低的热传导性，以便提高炉子的热效率。

可再生能源比例标准（renewable portfolio standard，RPS）：一种政策规定，要求能源企业增加的能源产量的一部分来自可再生能源，如风能、太阳能、生物质和地热等。

换向阀（reversing valve）：热泵中的一种器件，能够使制冷剂的流向逆转，将热泵从制冷模式转为制热模式，或从制热模式转为制冷模式。

R 值（R-value）：即热阻值，是材料抵抗热量传输能力的度量值。材料的 R 值是热导系数（U 值）的倒数，R 值越大，绝热性能越好。

硒（selenium）：一种化学元素，原子序数为 34，化学符号为 Se。它是一种非金属元素，与硫、碲性质相近，在自然界中罕以单质形态出现。

分流控制器（shunt controller）：一种控制装置，能够在电池充满电后通过将光伏组件短路的方式防止电池过充。分流控制器监测电池的电压，当达到充满设定值后，自动将来自光伏面板的电流切换到功率晶体管电路中。

硅（silicon）：宇宙中质量排名第 8 的元素，是制造许多半导体器件的原料。

串联电路（series circuit）：一种电路类型，其中流过每一个元件的电流相等，电路中所有元件的总电压等于每个元件上的电压之和。

串-并联电路（series-parallel circuit）：一种电路形式，其中两个或更多的串联电路连接成并联形式。

正弦波逆变器（sine wave inverter）：一种将直流电转换为交流电的电子装置。通过采用适当的变压器、开关和控制电路，可以得到任意电压和频率的交流电。

单级串联控制器（single-stage series controller）：一种充电控制器，当电池电压升高至预设值（称为充电终止设定点）时，该装置能够将光伏阵列断开以防止电池过充。

螺旋回路（slinky loop）：是闭式地源热泵系统中的一种水平回路，其注液的塑料换热器管道呈螺旋状，从而使较短的地沟内能够容纳更长的管道。

太阳高度角（solar altitude angle）：太阳明亮圆盘的几何中心与当地（理想）地平面之间的夹角。

太阳辐射得热（solar gain）：太阳光辐射到建筑物的表面后，通过热传导或透过窗户进入该建筑物内部并被吸收的能量。

方波逆变器（square wave inverter）：一种将直流电通过开关晶体管变换为交流电的装置，逆变后的交流电能够被变压器升高或降低。

循环单井（standing column）：一种垂直循环地能井。水从井的下端抽出，最后返回至井的上端，以此产生热交换。

火炉烟囱（stovepipe）：指生物质炉子的烟囱。

成层作用（stratification）：热量层上升到建筑物顶端的过程。

同步发电机（synchronous generator）：一种交流发电机，采用感应电动机的原理发电。当感应电动机被机械力驱动转子旋转时就变成了发电机状态。在大多数情况下，一台常规交流同步电动机无须进行任何内部改装就能用作发电机。

系统接地（system grounding）：将系统的中性线连接至大地的措施，接地使得电子有一条替代流动路径从而避免人员遭到电击。

色姆（therm）：一种英制热量单位，1 色姆等于 100000 Btu。

热力膨胀阀（thermostatic expansion valve，TXV）：一种用于制冷系统的阀门，可以通过调节蒸发器的制冷剂流量，控制蒸发器中的过热量。

热虹吸式系统（thermosyphon system）：一种被动太阳能热水系统，依靠集热器和水箱之间自然发生的对流来实现水循环。当水在集热器中加热后就会变轻，于是自然上升进入上面的水箱中。同时，水箱中较冷的水会沿着向下的管道流入集热器的底部，从而使水在整个系统中产生循环流动。

传输损耗（transmission loss）：通过墙壁、门窗、顶棚、地板等的热传导而发生的热量损耗。

磷酸三钠（trisodium phosphate，TSP）：一种无色水溶性化合物，以晶体形态出现。主要用于制造硬水软化剂、去垢剂，以及造纸和纺织行业。

真南（true south）：一种方向，即在地球上的任何一点面向南极的方向。在北半球，该方向就是从当地到太阳在任何一天中在天空中的最高点（太阳正午）的连线方向。

非承压系统（un-pressurized system）：一种太阳能集热系统，其循环回路与大气相通。

公共电网（utility grid）：将电力从发电厂输送至各个家庭和企业的传输线路系统。电网的拥有者和运营商是全美国数以百计的公用事业公司。

U 值（U-value）：即热导系数，描述材料热传导能力的数值，等于面积为 $1ft^2$ 的材料在 1h 内传输热量的 Btu 数值。它是材料 R 值的倒数。U 值越低，材料的热传输阻力（绝热性）越大。

通风损耗（ventilation loss）：由于在建筑物中使用了排气扇而造成的热量损耗。

垂直轴风力机（vertical axis wind turbine，VAWT）：一种风力机的类型，其风轮的旋转轴与空气流和地面垂直。垂直轴风力机的运行方式类似一台传统的水车，水流与水车的垂直转轴呈直角方向。

垂直地埋回路（vertical ground loop）：一种闭式地源热泵系统的回路形式，其注液的塑料换热器管道埋设在与地面垂直的方向上。

电压降（voltage drop）：指电气线路上电压的减少量，与线路的长度成正比。

水-空气热泵（water-to-air heat pump）：一种将水作为第一换热介质而空气作为第二换热介质的热泵系统。

水-水热泵（water-to-water heat pump）：一种将水作为第一和第二换热介质的热泵系统。

风切变（wind shear）：在相对较短的大气距离上发生的风速和风向的变化。

偏航（yaw）：从某个定义平衡状态围绕各自轴向的转动。风力机偏航运动的目的是在风向发生改变时使风轮能够对准风向。

附录

单位换算表

说明：本表是由译者列出的本书中使用的非法定单位与法定单位的换算关系。

单位名称	单位符号	换算关系	说　明
长　度			
英里	mile	$1\text{mile} = 1609.344\text{m}$	
英尺	ft	$1\text{ft} = 0.3048\text{m}$	
英寸	in	$1\text{in} = 0.0254\text{m}$	
码	yd	$1\text{yd}（美制）= 0.9144\text{m}$	
面　积			
平方英里	mile^2	$1\text{mile}^2 = 2.59 \times 10^6 \text{m}^2$	
平方英尺	ft^2	$1\text{ft}^2 = 0.093\text{m}^2$	
平方英寸	in^2	$1\text{in}^2 = 6.452 \times 10^{-4} \text{m}^2$	
平方码	yd^2	$1\text{yd}^2 = 0.836\text{m}^2$	
体　积			
立方英尺	ft^3	$1\text{ft}^3 = 0.02832\text{m}^3$	
立方英寸	in^3	$1\text{in}^3 = 1.6387 \times 10^{-5} \text{m}^3$	
加仑	gal	$1\text{gal}（美制）= 3.78541\text{dm}^3$	常用于液体的体积单位
考得	cord	$1\text{cord} = 128\text{ft}^3 = 3.625\text{m}^3$	常用于木材堆的体积单位
蒲式耳	BU	$1\text{BU}（美制）= 35.238\text{dm}^3$	常用于农作物的体积单位，1BU玉米质量约为25.401kg
立方码	yd^3	$1\text{yd}^3 = 0.765\text{m}^3$	
质　量			
磅	lb	$1\text{lb} = 0.454\text{kg}$	
盎司	oz	$1\text{oz}（常衡）= 28.35\text{g}$	
格令	gr	$1\text{gr} = 0.065\text{g}$	

（续）

单位名称	单位符号	换算关系	说　明
温　度			
华氏度	℉	$\dfrac{T}{K} = \dfrac{5}{9}\left(\dfrac{\theta}{℉} + 459.67\right)$	T、θ 分别表示热力学温度、华氏温度
		$\dfrac{t}{℃} = \dfrac{5}{9}\left(\dfrac{\theta}{℉} - 32\right)$	t、θ 分别表示摄氏温度、华氏温度
热　量			
英制热单位	Btu	1Btu = 1055.06J	
色姆	therm	1 therm = 105506000J	常用于燃料气的热量计量，1therm = 100000Btu
密　度			
磅/立方英尺	lb/ft³	1lb/ft³ = 16.0185kg/m³	
磅/考得	lb/cord	1lb/cord = 0.125kg/m³	常用于木柴堆的密度计量
压　力			
磅力/平方英寸	lbf/in², psi	1psi = 6894.76Pa	
英寸水柱	in H₂O	1in H₂O = 249Pa	1psi = 27.7in H₂O
速　度			
英里/时	mile/h, mph	1mph = 1.609km/h	
英寸/分	ft/min	1ft/min = 0.305m/min	
流　速			
加仑/分	gal/min, gpm	1gpm = 3.785L/min	常用于液体流速
立方英尺/分	ft³/min, cfm	1cfm = 0.028m³/min	常用于气体流速
其　他			
Btu/时	Btu/h	1Btu/h = 1055.075J/h	常用于计算热量转移速率
Btu/时/平方英尺	Btu/(h · ft²)	1 Btu/h/ft² = 11357J/(h · m²)	常用于计算散热片的功率
Btu/磅	Btu/lb	1Btu/lb = 2326.054J/kg	
Btu/考得	Btu/cord	1Btu/cord = 291.087J/m³	常用于计算木柴的能量密度
格令/加仑	gr/gal	1gr/gal = 17.118mg/L	常用于计算水的硬度
加仑/分·英尺，比产量	gal/(min · ft)	1gal/(min · ft) = 12.418L/(min · m)	是将井产水量除以水位降得到的数值，反应井的产水能力
冷吨	RT	1RT = 3.517kW	制冷量单位，本书中 RT 指美国冷吨

Alternative Energy：Sources and Systems
Donald Steeby 著；赵铭姝，郑青阳译
Copyright © 2012 by Cengage Learning.
Original edition published by Cengage Learning. All Rights reserved. 本书原版由圣智学习出版
公司出版。版权所有，盗印必究。
China Machine Press is authorized by Cengage Learning to publish and distribute exclusively this
simplified Chinese edition. This edition is authorized for sale in the People's Republic of China only
（excluding Hong Kong，Macao SAR and Taiwan）. Unauthorized export of this edition is a violation of
the Copyright Act. No part of this publication may be reproduced or distributed by any means，or stored
in a database or retrieval system，without the prior written permission of the publisher.
本书中文简体字翻译版由圣智学习出版公司授权机械工业出版社独家出版发行。此版本
仅限在中华人民共和国境内（不包括中国香港、澳门特别行政区及中国台湾）销售。未经授
权的本书出口将被视为违反版权法的行为。未经出版者预先书面许可，不得以任何方式复制
或发行本书的任何部分。
Cengage Learning Asia Pte. Ltd.
151 Lorong Chuan，#02-08 New Tech Park，Singapore 556741
本书封面贴有 Cengage Learning 防伪标签，无标签者不得销售。
北京市版权局著作权合同登记号　图字：01-2014-2035 号。

图书在版编目（CIP）数据

可替代能源：来源和系统/（美）唐纳德·史蒂柏（Donald Steeby）著；
赵铭姝，郑青阳译. —北京：机械工业出版社，2017.5
（国际制造业先进技术译丛）
书名原文：Alternative Energy：Sources and Systems
ISBN 978-7-111-56484-3

Ⅰ.①可…　Ⅱ.①唐…　②赵…　③郑…　Ⅲ.①能源－研究　Ⅳ.①TK01

中国版本图书馆 CIP 数据核字（2017）第 068411 号

机械工业出版社（北京市百万庄大街22号　邮政编码100037）
策划编辑：陈保华　责任编辑：陈保华
责任校对：张　征　封面设计：鞠　杨
责任印制：李　飞
北京铭成印刷有限公司印刷
2017 年 6 月第 1 版第 1 次印刷
169mm×239mm·18.5 印张·345 千字
0001—2500 册
标准书号：ISBN 978-7-111-56484-3
定价：89.00 元

凡购本书，如有缺页、倒页、脱页，由本社发行部调换
电话服务　　　　　　　　　　　　网络服务
服务咨询热线：010-88361066　　机 工 官 网：www.cmpbook.com
读者购书热线：010-68326294　　机 工 官 博：weibo.com/cmp1952
　　　　　　　010-88379203　　金 书 网：www.golden-book.com
策 划 编 辑：010-88379734　　教育服务网：www.cmpedu.com
封面无防伪标均为盗版